分数からはじめる 素数と 暗号理論

~RSA 暗号への誘い~

小林 吹代 著

現代数学社

はじめに

『分数ができない大学生』が，話題になったことがあります．

これが『分数ができない数学者』だったら，いかがでしょうか．まさか……，と思いますよね．

…… $\dfrac{247}{299}$ を約分せよ

…… $\dfrac{d}{c} - \dfrac{b}{a} = \dfrac{ad - bc}{ac}$ の「$\boldsymbol{ad - bc}$」は何か

…… 傾き「n 分の 1」とするには，傾き「何分の 1」の角度と傾き「何分の 1」の角度を合わせればよいか

（1 通りとは限りませんよ）

こんな問題ができない数学者が 1 人や 2 人いたとしても，驚くことはありません．数学だって奥が深いのです．専門分野は多岐にわたり，とても「分数」などにかまっていられません．

いきなりですが，**ルイス・キャロル**をご存知ですか．あの『不思議の国のアリス』や『秘密の国のアリス』で有名な作家です．ちなみにルイス・キャロルというのは作家としてのペンネームで，本業は何と数学者です．数学書の方は本名で出版していて，先ほどの「傾きの問題」は，じつは彼によるものです．

何かの本に（どんな問題かは忘れましたが）これを間違うよ

うでは，数学者としての能力は疑わしいと書かれていました．でも，誰だって間違うことはありますよね．ルイス・キャロルは，少なくとも『分数ができない数学者』ではなかったようです．

　ファレイをご存知ですか．ファレイは，数学（の整数論の分野）では有名です．でも，どうも数学者ではなかったようです．もちろん童話作家でもありませんでした．地質学者として紹介されている文献も残っているそうです．

　そんなファレイですが，1816年に"ある数列"で，興味深い性質を発見しました．**ファレイ数列**です．もっとも，自らファレイ数列と称したわけではありません．数学者コーシーがファレイの論文を読み，ファレイ数列と呼んでその発見に証明をつけたのです．この呼び名が定着したのには，コーシーの威光が大きかったのかも知れませんね．"親の七光り"ならぬ"有名数学者の七光り"といったところでしょうか．人生，何がどうなって名を残すことになるか分かったものではありません．

　本書で取り上げた**ピックの定理**は，今ではとても有名です．"お受験"の学習塾でも，大人気の定理です．
　ある大学教官が，この定理を小学校教員から聞いて初めて知った，と語っていました．不思議に思っていましたが，ようやくその事情が判明しました．その教官が学生だった頃，この定理はまだ知られていなかったのです．
　そもそもピックがこの定理を発見したのは1899年のことで，その教官が学生だった頃よりはるか昔です．ところが何

と20世紀も後半になって，書籍で紹介されてから広く一般に知られるようになったのです．もしその書籍が出版されなかったら，今なお埋もれたままだったかも知れませんね．

　本書では，ごく普通の「分数」を，ごくごく普通の順序に並べただけのファレイ数列が，インターネット時代の今をときめく「暗号」に，思いがけない形で関係してくることを紹介します．その暗号とは，歴史の重みに耐え（暗号破りの攻撃に耐え），今や**マイナンバーカード**にも使われている**RSA暗号**です．

　「分数ができない数学者」は，（当然ながら）少数派でしょう．「分数ができない暗号学者」は，それより多いかもしれません．「分数ができる中学生・高校生」は，大勢いることと思います．そんな方々にも，何か1つでも参考になるようなことがあれば，とても幸いに思います．

　令和5年10月

　　　　　　　　　　　　　　　　　　　小林吹代

目　次

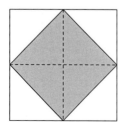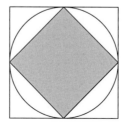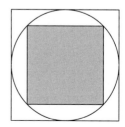

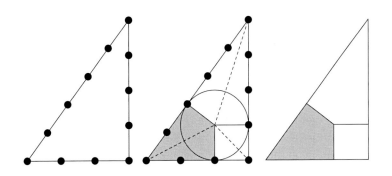

分数による素数の不思議な見つけ方

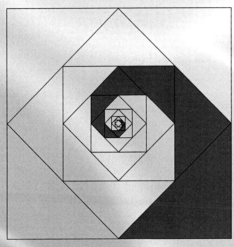

$$\frac{1}{4}$$

 約分できますか

　分数が素数判定や素因数分解さらには暗号に関わるなんて……，ピンときませんよね．分数では，「割り算は，分子と分母をひっくり返してかけ算する」ことに注目が集まりがちです．じつは素数などに繋がってくるのは，（もっと基本的な）分数の「**約分**」です．

　"お受験"の学習塾では，こんな問題を学ぶそうです．

　問　次の分数を約分しましょう．

$$\frac{533}{559}$$

もちろん，（一般の）小学校ではやりません．小学校では，（分子と分母が）かけ算の九九の範囲内におさまるものしか扱っていないのです．

インドでは（かけ算の 9×9 ではなく）かけ算の 19×19 までやるそうです．でも $19 \times 19 = 361$ なので，361 を超えると難しいことに変わりありません．

じつは "お受験" の学習塾では，"裏ワザ" と称して，こんなことを学んでいるのです．

「大きい方から小さい方を引いてみよう！」

今回の場合は $559 - 533 = 26$ です．26 となると 2 で割れるので，$26 = 2 \times 13$ と（かけ算の九九になくても）すぐに分かります．そこで，（2 では割れないので）13 で割ってみます．

$$\frac{533}{559} = \frac{553 \div 13}{559 \div 13} = \boxed{\frac{41}{43}}$$

バッチリ約分できましたね．これで合格まちがいなし，と塾では豪語しているとか……．

ちなみに 41 や 43 は，じつは（この後で見ていく）**素数**です．これ以上，約分できません．

 ## "裏ワザ" のタネ明かし

"裏ワザ" のタネは，学習塾独自のものではありません．

本当は，誰だって知っていることです．たとえば，次のような状況を思い浮かべてください．

　ピッタリ分けられるよ，ということで559個のアメが入った袋を渡されました．でも533個だけ分け終わると，（なぜか）中断したのです．

　もちろん残りのアメも，キッチリ分けられるはずですよね．もし分けられなかったら，誰かがごまかしたにちがいありません．

　つまり559も533も割り切るような数は，$559-533=26$も割り切るのです．こうなったら，後は26を割り切る数を探せばよいのです．

 ## ユークリッドの互除法

　「大きい方から小さい方を引いてみよう！」という"裏ワザ"は，じつは有名な方法に繋がっています．**ユークリッドの互除法**です．高校で学ぶ内容なので，小学校ではやりません．どのような方法かは，後の章でくわしく見ていきます．

　ユークリッドの互除法の**除法**は，割り算のことです．ちなみに**乗法**はかけ算です．かけ算が（繰り返しの）たし算であるように，除法は（繰り返しの）引き算です．除法の除は，除く（のぞく）という意味です．

　たとえば何人かにアメを配るとします．まず1個ずつ配っていくと，アメは人数分が除かれます．次にまた1個ずつ配っていくと，また人数分が除かれます．配り終えたとき，配った回数は各人がもらったアメの個数となります．559個を13人に配っていくと，$559÷13=43$回で配り終え，各人が43

個のアメを手にするのです.

こんな状況も考えられますね. 各人に 13 個ずつ配っていくのです. まず 1 人目に配った段階で, アメは 13 個除かれます. 次に 2 人目に配ると, また 13 個除かれます. 配り終えたとき, 配った回数が人数となります. 559 個を 13 個ずつ配ると, $559 \div 13 = 43$ 回で配り終え, 43 人がアメを手にすることになります.

長々と, 除法 (割り算) を引き算の観点から振り返ってきましたね.

じつはユークリッドの互除法は,「大きい方から小さい方を (引けるだけ) 引いてみよう!」というのが土台になっています. (小さい) 余りが出たら, 逆に (これまで小さかった方から) その小さい余りを引いていきます. これを交互に繰り返すのです. 心配いりません. そのうち必ず終わります. 余りは (0 以上で), どんどん (真に) 小さくなることから, 最終的に余り 0 となります. つまり最後には割り切れるのです.

除法を用いるのは, (引けるだけ引く) 引き算を, 短縮しているだけなのです.

 ## 素数と合成数

素数って, どんな数か知っていますか.

直観的には, 1 列 (1 行) にしか並べられない自然数です. ただし 1 は除きます. 1 は**単数**と呼ばれる特別な数です. その心は, 素因数分解は (順序を除いて) 1 通りにしたい, とい

うものです．6＝2×3×1×…×1 ではなく，6＝2×3 とした
いのです．

2 や 3 は素数です．1 列（1 行）にしか並べられません．

6 は素数ではありません．6＝2×3（2 行 3 列や 2 列 3 行）
という 1 列（1 行）でない並べ方があります．こちらは**合成数**
といいます．6 は 2 と 3 を合成（かけ算）して作られた数で
す．

$$6 = 2 \times 3$$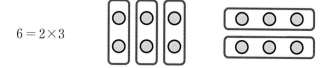

 ## 素数の（周知の）見つけ方

素数の見つけ方をいくつ知っていますか．

古くから知られている方法に，**エラトステネスの<ruby>篩<rt>ふるい</rt></ruby>**があ
ります．2 の倍数をふるい落とし，3 の倍数をふるい落とし，
次々にふるい落としていって，それでも（しぶとく）残った数
が素数です．

エラトステネスの篩は，**素数判定**にも使えます．

たとえば 13 が素数か否かを知りたいとします．

このとき 2 から 12 までの倍数となっていたら，ふるい落と
されるので，素数ではありません．

でも全部を調べる必要はないのです.

もし（1列でなく）$13 = a \times b$ $(a > 1, b > 1)$ と a 行 b 列（a 列 b 行）に並べられたら，a か b のどちらかは $\sqrt{13} < \sqrt{16} = 4$ より小さいはずです.……ということは，4 より小さい 3 まででよいのです. 2 から 3 までの倍数となっていないか，つまり 2 と 3 で割り切れないかを調べればよいということです.

13 は 2 でも 3 でも割り切れません. このことから 13 は素数と判定されます.

エラトステネスの篩では，p が素数かどうかを知りたいとき，p を 2 から $\sqrt{p}$ までの数で割ってみます. 実際は，たとえば 2 で割り切れなかったら 4 でも割り切れないので，2 から $\sqrt{p}$ までの素数で割ってみます.

もっとも p が大きな数のとき，$\sqrt{p}$ までの素数を見つけておくのは大変なことです. さらに，それらの素数で割っていくのも大変なことです. 大きな素数を見つけること自体，そもそも大変なことなのです.

 ## 余りと合同

エラトステネスの篩の他に，**ウィルソンの定理**を利用した素数判定法が知られています.

《ウィルソンの定理》

　p が 1 より大きな整数のとき

　　p が素数　⇔　$(p-1)!+1$ が p で割り切れる

　「！」（**階乗**）は，階段のような乗法です．（階段は，飛ばさずに 1 段ずつです．）たとえば，$5!=5\cdot4\cdot3\cdot2\cdot1=120$ です．

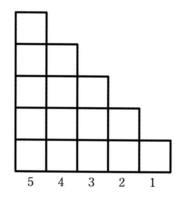

　「！」がつくとビックリするほど大きな数になります．でも $(p-1)!$ を知る必要はありません．必要なのは，あくまでも p で割った余りです．$(p-1)(p-2)(p-3)\cdots$ を求める途中で，<u>p で割った余りと置きかえていけばよいのです</u>．

　もっとも，そうしたところで大変なことに変わりありません．特に p が巨大な数のときは悲惨です．p が大きいほど途中で置きかえる回数も増え，しかもその都度巨大な p で割ることになるからです．

> **問** $(13-1)!+1$ を 13 で割った余りを求めましょう.

途中で「13 で割った余り」と置きかえていきます. そこで, 余りが等しいときに用いる記号を確認しておきましょう.

左辺と右辺が「等しい」とき,「=」(等号) を用いますね.

これに対して, 左辺と右辺が「n で割った**余り**が等しい」とき,「≡」(**合同**の記号) が用いられます. たとえば 15 と 2 はどちらも「13 で割った余りが 2」なので, $15 \equiv 2 \ (\mathrm{mod}\, 13)$ と記されます. **mod** は modulo (**法**) の略です.

(パソコン付属の) 関数電卓では,「15 mod 13」と押すと, 余りの「2」が出てきます. でも「-37 mod 13」と押すと, (余りではなく)「-11」が出てきます. $-37 \equiv -11 \ (\mathrm{mod}\, 13)$ なので, もちろん正しい結果です.

ちなみに「$-37 \div 13$」の余りは,「-11」ではなく「2」です.「$(-37) \div 13 = (-3)$ 余り 2」(37 円の借金を 13 人で分けると, 1 人 3 円の借金となり 2 円余る) です.「-11」から余りの「2」を出したい場合は,「-11」に mod 13 の 13 をたします. $-11 + 13 = 2$ と余りの「2」が出てきます.

コンピュータ関連では, mod が (多くの場合) 余りの意味で使われています.「$15 \equiv 2 \ (\mathrm{mod}\, 13)$」だけでなく (コンピュータ書では)「$15 \ \mathrm{mod}\, 13 \equiv 2$」という表現まで見かけます.

それでは問に戻ります．（以下 mod 13 を省略しています．）

$$(13-1)!$$
$$= 12 \cdot 11 \cdot 10 \cdot 9 \cdot 8 \cdot 7 \cdot 6 \cdot 5 \cdot 4 \cdot 3 \cdot 2 \cdot 1$$
$$\equiv 2 \cdot 10 \cdot 9 \cdot 8 \cdot 7 \cdot 6 \cdot 5 \cdot 4 \cdot 3 \cdot 2 \cdot 1 \qquad (12 \cdot 11 \equiv 2)$$
$$\equiv 7 \cdot 9 \cdot 8 \cdot 7 \cdot 6 \cdot 5 \cdot 4 \cdot 3 \cdot 2 \cdot 1 \qquad (2 \cdot 10 \equiv 7)$$
$$\equiv 11 \cdot 8 \cdot 7 \cdot 6 \cdot 5 \cdot 4 \cdot 3 \cdot 2 \cdot 1 \qquad (7 \cdot 9 \equiv 11)$$
$$\equiv 10 \cdot 7 \cdot 6 \cdot 5 \cdot 4 \cdot 3 \cdot 2 \cdot 1 \qquad (11 \cdot 8 \equiv 10)$$
$$\equiv 5 \cdot 6 \cdot 5 \cdot 4 \cdot 3 \cdot 2 \cdot 1 \qquad (10 \cdot 7 \equiv 5)$$
$$\equiv 4 \cdot 5 \cdot 4 \cdot 3 \cdot 2 \cdot 1 \qquad (5 \cdot 6 \equiv 4)$$
$$\equiv 7 \cdot 4 \cdot 3 \cdot 2 \cdot 1 \qquad (4 \cdot 5 \equiv 7)$$
$$\equiv 2 \cdot 3 \cdot 2 \cdot 1 \qquad (7 \cdot 4 \equiv 2)$$
$$\equiv 12$$

最後に 1 をたすと，$(13-1)!+1 \equiv 12+1 \equiv 0 \pmod{13}$ となります．$(13-1)!+1$ を 13 で割った余りは $\boxed{0}$ です．

（ウィルソンの定理より，13 は素数と判定されました．）

 ## 素数の（不思議な）見つけ方

素数の見つけ方のあまり知られていない方法として，これまでに（3 角数や 4 角数などを使った）**約数の和**を用いる方法を紹介してきました．（参考文献 [1]）

今回は，（ごく普通の「分数」をごくごく普通に並べることを元にした）ある "**数列**" を用いる方法を紹介しましょう．どんな方法かは，実際に見た方が早いので，3 から順に調べていき

ます.

　（1 は単数で，2 は唯一の偶数の素数です．）

　n が素数か否かを調べるに当たって，「n, $n-1$, $n-2$, ⋯, 3, 2」からスタートし，まずは（これから見ていくような）"数列"を作ります．作りかたは，<u>並んだ項をたす</u>だけです．

3 は素数か？

　「3,2」からスタートして，まずは"数列"を作ります.

　$3+2=5$ は 3 を超えてしまうので，"数列"は「3,2」のままとします.

　"数列"「3,2」の中に 3 は 1 個で，この 2 倍の $1×2=2$ は，$3-1=2$ と一致します．<u>3 は素数です</u>.

4 は素数か？

　まずは「4,3,2」からスタートします.

　$4+3=7$ も $3+2=5$ も 4 を超えてしまうので，"数列"は「4,3,2」のままとします.

　"数列"「4,3,2」の中に 4 は 1 個で，この 2 倍の $1×2=2$ は，$4-1=3$ と一致しません．<u>4 は素数ではありません</u>.

5 は素数か？

　まずは「5,4,3,2」からスタートします.

　（前の方をたすと 5 を超えますが）$3+2=5$ は 5 以下なので，3 と 2 の間に 5 を追加して「5,4,3,5,2」とします．この数列の並んだ項をたすと 5 を超えるので，"数列"はこれにて確定です.

（今後は「5，4，3，2」→「5，4，3，5，2」と記します．）

"数列"「5，4，3，5，2」の中に 5 は 2 個で，この 2 倍の $2 \times 2 = 4$ は，$5 - 1 = 4$ と一致します．<u>5 は素数です</u>．

6 は素数か？

「6，5，4，3，2」→「6，5，4，3，5，2」

"数列"「6，5，4，3，5，2」の中に 6 は 1 個で，この 2 倍の $1 \times 2 = 2$ は，$6 - 1 = 5$ と一致しません．<u>6 は素数ではありません</u>．

7 は素数か？

「7，6，5，4，3，2」→「7，6，5，4，7，3，5，2」→「7，6，5，4，7，3，5，7，2」

"数列"「7，6，5，4，7，3，5，7，2」の中に 7 は 3 個で，この 2 倍の $3 \times 2 = 6$ は，$7 - 1 = 6$ と一致します．<u>7 は素数です</u>．

8 は素数か？

「8，7，6，5，4，3，2」→「8，7，6，5，4，7，3，5，2」
→「8，7，6，5，4，7，3，8，5，7，2」

"数列"「8，7，6，5，4，7，3，8，5，7，2」の中に 8 は 2 個で，この 2 倍の $2 \times 2 = 4$ は，$8 - 1 = 7$ と一致しません．<u>8 は素数ではありません</u>．

じつは（後の章で見ていきますが），次のようになっています．

《"数列"による素数判定》

"数列"の中に現れる p の個数を m としたとき

$$p \text{ が素数} \iff 2m = p-1$$

p.6 のエラトステネスの篩では,(コンピュータに負荷のかかる)割り算を用いています. 2 と 3 で割り算することで,13 が素数と判定されましたね.

今回の("数列"を用いた)方法では,たし算だけで p が素数かどうかを判定しています. p が素数であるのは,$p = 1 \times p$(1 行 p 列や 1 列 p 行)というように,p 個が 1 列(1 行)にしか並べられないときです. つまり p は 1 と p でしか割り切れません. この割り算から出てきた概念である素数が,割り算を 1 回もすることなく判定できるということです. ちょっと意外ですよね.

第 3 章で,$2m$ の正体や,この方法で素数判定ができる理由が明かされます. $2m$ は p が素数のとき $p-1$ となるので,もう見当がついたかもしれませんね.(ちなみに**約数の和**の場合は,p が素数のとき $p+1$ となっています.)

問 13 が素数か否かを,"数列"を求めて判定しましょう.

「13, 12, 11, 10, 9, 8, 7, 6, 5, 4, 3, 2」

→「13, 12, 11, 10, 9, 8, 7, 13, 6, 11, 5, 9, 4, 7, 3, 5, 2」

→「13, 12, 11, 10, 9, 8, 7, 13, 6, 11, 5, 9, 13, 4, 11, 7, 10, 3, 8, 5, 7, 2」

→「13, 12, 11, 10, 9, 8, 7, 13, 6, 11, 5, 9, 13, 4, 11, 7, 10, 13, 3, 11, 8, 13, 5, 12, 7, 9, 2」

→「13, 12, 11, 10, 9, 8, 7, 13, 6, 11, 5, 9, 13, 4, 11, 7, 10, 13, 3, 11, 8, 13, 5, 12, 7, 9, 11, 2」

→「13, 12, 11, 10, 9, 8, 7, 13, 6, 11, 5, 9, 13, 4, 11, 7, 10, 13, 3, 11, 8, 13, 5, 12, 7, 9, 11, 13, 2」

"数列"「13, 12, 11, 10, 9, 8, 7, 13, 6, 11, 5, 9, 13, 4, 11, 7, 10, 13, 3, 11, 8, 13, 5, 12, 7, 9, 11, 13, 2」の中に 13 は 6 個で，この 2 倍の $6 \times 2 = 12$ は，$13 - 1 = 12$ と一致します． 13 は素数 です．

　この方法の利点は（コンピュータに負荷のかかる）割り算を用いないというだけではありません．スタートの「n, $n-1$, $n-2$, …, 3, 2」の段階（や途中の段階）で，適当に区切って分担して進めることができます．各区間で n が出てくる個数を調べ，後でそれらの個数を合計すればよいのです．この方法は，**分散処理**が可能ということです．

　問題は，n が大きくなると，"数列"の項数がどれくらい増えるかですよね．ねずみ算式に（指数関数的に）増えたのでは，たまったものではありません．じつは"数列"の項数がどうなるかは，すでに分かっています．（p154 参照）

分数から素数・暗号へ

これまで「約分」と「素数判定」を見てきました.

序章だから適当に（いいかげんに），話題を 2 つ選んだのだろうと思われたかも知れませんね.　もっとも名探偵さながらに,「約分」から「素数判定」まで，ピッと 1 本の道で繋がってきた方もおられることでしょう.

「約分」のコツは,「大きい方から小さい方を引いてみよう！」でした.　これは**ユークリッドの互除法**に繋がります.

このユークリッドの互除法を,（1 行で表して）見かけを変えます.　すると新たな分数が自然に登場してきて，これらの分数の間の不思議な関係が見えてきます.　その関係が（先ほど見てきた）"**数列**"へと繋がるのです.「素数判定」はその応用です.「暗号」に応用することもできます.

さて（これまで見てきた）不思議な"**数列**"は，どんな分数から出てきたのでしょうか.　これから章を追って，じっくり見ていくことにしましょう.

第 1 章

隣り合う分数と RSA 暗号

$$\frac{1}{4}$$

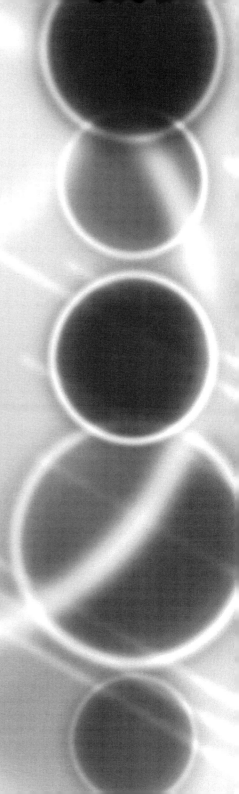

 隣り合う分数とユークリッドの互除法

◆最大公約数

「分数のできない大学生」が話題になったことがあります．確かに，**分数**って難しいですよね．（この先も分数といったら，$\dfrac{0}{1}$ を例外として，原則的に正の分数とします．）

分数は，表し方が 1 通りでないのがイヤでしたね．（分子と分母に同じ数をかけるのは簡単だけど，問題はその逆ですよね．）

$$\frac{2}{3}, \quad \frac{4}{6}, \quad \frac{6}{9}, \quad \frac{8}{12}, \quad \frac{10}{15}, \quad \cdots\cdots$$

数学では，どういう場合に"等しい"とするのか，最初にキッチリ取り決める（定義する）ものです．でも分数は，算数であって数学ではないような……．そもそも $\dfrac{b}{a}$ は "a 個に切った b 個分" ということなので，細かく切り刻めば，同じ量

でもいろいろに表せるというものです.

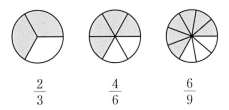

$$\frac{2}{3} \qquad \frac{4}{6} \qquad \frac{6}{9}$$

　ここで分数を分子と分母にバラして，$\dfrac{b}{a}$ の分母の a を x 座標，分子の b を y 座標として，座標平面に点 $(a,\ b)$ を取ってみましょう.

　すると下図のようになってきます.

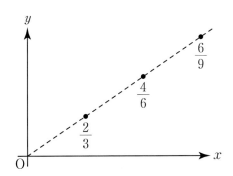

　同じ分数は，どれも原点を通る同一直線上に並んできます. この直線で見ると，これらの分数は「いくつ行って（分母），いくつ上がる（分子）」という**傾き**になっています. もちろん，傾きが大きいほど大きな分数です.

　分数の表し方は，（途中経過はともかく，最終的には）どれでもよいわけではありません．通常は $\dfrac{8}{12}$ は $\dfrac{2}{3}$ としています．**約分**です．

$$\frac{8}{12} = \frac{8 \div 4}{12 \div 4} = \frac{2}{3}$$

　分子と分母を（どちらも割り切るような）**公約数**で割っておくのです．

　しかも，一番大きな公約数（**最大公約数**）で割ります．$\dfrac{8}{12}$ なら，8 と 12 の（ただの）公約数 2 で割って $\dfrac{4}{6}$ とするのではなく，最大公約数 4 で割って $\dfrac{2}{3}$ とします．

　もうこれ以上約分できない分数は，**既**に**約分**し終えた**分数**ということで，**既約分数**と呼んでいます．（問題は，どうやって既約分数にするかですよね．）

◆最小公倍数

　既約分数 $\dfrac{2}{3}$ に統一して，わざわざ $\dfrac{8}{12}$ などやらなくても……と思いますよね．それには事情があるのです．

　ここで，分数の "たし算・引き算" を思い出してみましょう．

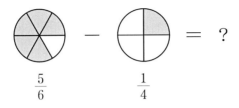

$$\frac{5}{6}\qquad\qquad\frac{1}{4}$$

ホットケーキが（丸ごと 1 枚の）$\frac{5}{6}$ 残っていたので，（丸ご

と 1 枚の）$\frac{1}{4}$ 食べたら，残りは（丸ごと 1 枚の）"何分の何"

か，というような問題です．

　さっさと**通分**しますよね．切り刻むことで両方の切り方を

そろえる，つまり分母をそろえる（通分する）のです．

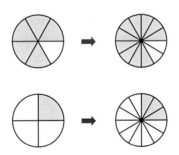

　$\frac{5}{6}$ と $\frac{1}{4}$ の分母は 6（切り）と 4（切り）ですが，これをさ

らに切り刻んで同じにした，つまり何倍かした**公倍数**は，12，

24，36，……といくらでもあります．もちろん（なるべく切り

刻まない）一番小さい（**最小公倍数**の）12（切り）にそろえま

す．（問題は，最小公倍数をどうやって見つけるかですよね．）

結局のところ，$\dfrac{5}{6}$ はさらに 2 つずつに切って（分子と分母に 2 をかけ），$\dfrac{1}{4}$ はさらに 3 つずつに切って（分子と分母に 3 をかけ），同じ 12（切り）にします．つまり，約分の逆をするのです．

この状況に備えて，$\dfrac{5}{6}$ だけでなく $\dfrac{10}{12}$ も最初から入れておいて，これらは等しいと断っておいたのです．

$$\frac{5}{6}=\frac{5\times2}{6\times2}=\frac{10}{12}$$

$$\updownarrow$$

$$\frac{10}{12}=\frac{10\div2}{12\div2}=\frac{5}{6}$$

$\dfrac{5}{6}-\dfrac{1}{4}$ は，次の通りです．

$$\frac{5}{6}-\frac{1}{4}$$
$$=\frac{5\times2}{6\times2}-\frac{1\times3}{4\times3}$$
$$=\frac{10}{12}-\frac{3}{12}$$
$$=\frac{7}{12}$$

よくスピード重視の観点から，(何も考えずに) 分母どうしをかけて通分し，後で約分する方がおられます．

$$\frac{5}{6} - \frac{1}{4}$$
$$= \frac{5 \times 4 - 1 \times 6}{6 \times 4}$$
$$= \frac{20 - 6}{24}$$
$$= \frac{14}{24}$$
$$= \frac{14 \div 2}{24 \div 2}$$
$$= \frac{7}{12}$$

でも，この方法は 2 つの場合しか通用しませんよね．

(小学校では，なぜか 2 つの場合だけを，反復練習しているようです．)

$$\frac{5}{6} - \frac{1}{4} - \frac{2}{9}$$
$$= \frac{5 \times 6}{6 \times 6} - \frac{1 \times 9}{4 \times 9} - \frac{2 \times 4}{9 \times 4}$$
$$= \frac{30}{36} - \frac{9}{36} - \frac{8}{36}$$
$$= \frac{13}{36}$$

◆隣り合う分数

分数のたし算・引き算では，分母を最小公倍数にと話を進めてきました．

くれぐれも，分母どうしをかけて通分するなんてケシカラン，という話ではありません．それどころか，分母どうしをかけて通分することには意味があるのです．

2 つの分数を $\dfrac{b}{a}$ と $\dfrac{d}{c}$ $\left(\dfrac{b}{a} < \dfrac{d}{c}\right)$ とします．

分母どうしをかけて通分すると，次のようになります．

$$\dfrac{d}{c} - \dfrac{b}{a}$$

$$= \dfrac{ad - bc}{ac}$$

分母の ac は，2 つの分数の分母をかけたものです．それでは，分子の $\boldsymbol{ad - bc}$ は何なのでしょうか．

分数を分子と分母にバラして，座標平面に表してみます．傾き $\dfrac{b}{a} < \dfrac{d}{c}$ から，原点と結んだ直線の上下関係が決まってきます．

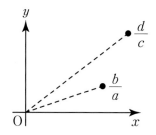 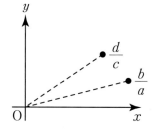

【問】 下図の△OPQ の面積 S を求めましょう.

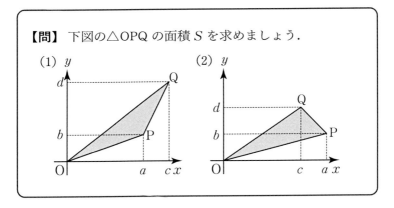

(1)
(2)

どちらも長方形で囲んで，周りを取り除いていきましょう.
（もっとも (1) の方は，半分の三角形から周りを取り除いた方が早いですが…….）

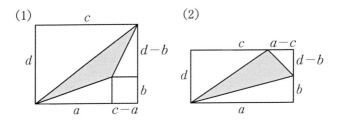

(1)
(2)

(1)

$$S = cd - \frac{1}{2}cd - \frac{1}{2}ab - \frac{1}{2}(c-a)(d-b) - b(c-a)$$

$$= \frac{1}{2}\{2cd - cd - ab - (cd - bc - ad + ab) - 2b(c-a)\}$$

$$= \frac{1}{2}\{-ab + bc + ad - ab - 2bc + 2ab\}$$

$$= \boxed{\frac{1}{2}\{ad - bc\}}$$

(2)

$$S = ad - \frac{1}{2}ab - \frac{1}{2}cd - \frac{1}{2}(a-c)(d-b)$$

$$= \frac{1}{2}\{2ad - \cancel{ab} - cd - (ad - \cancel{ab} - cd + bc)\}$$

$$= \frac{1}{2}\{2ad - \cancel{cd} - ad + \cancel{cd} - bc\}$$

$$= \boxed{\frac{1}{2}\{ad - bc\}}$$

△OPQ の面積は $\boxed{(ad-bc)/2}$ です.

ちなみに $ad-bc$ なら，△OPQ の面積の2倍ということで，OP, OQ を2辺とする平行四辺形 OPRQ の面積となります.

《$ad-bc$》

$$\frac{d}{c} - \frac{b}{a} = \frac{ad-bc}{ac} \quad \left(\frac{b}{a} < \frac{d}{c}\right)$$ の分子 $ad-bc$ は，

OP, OQ を2辺とする平行四辺形 OPRQ の面積である.

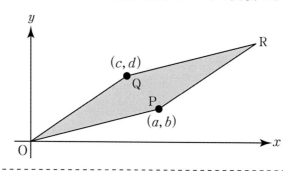

2つの分数 $\dfrac{b}{a}$ と $\dfrac{d}{c}$ は，$ad-bc=\pm1$ のとき**隣り合う**と呼ぶことにします．$\pm$ をつけるのは $\dfrac{b}{a}$ と $\dfrac{d}{c}$ の大小を問わないためです．$ad-bc=1$ のときは，**この順に隣り合う**とします．

分数 $\dfrac{b}{a}$ と $\dfrac{d}{c}$ が**隣り合う**とは，$ad-bc=\pm1$ のとき

さらにこの順に隣り合うとは，$ad-bc=1$ のとき

$$\dfrac{b}{a}\,\,\dfrac{d}{c} \qquad \longleftarrow \qquad ad-bc=\pm1$$

　整数では，2 と 3 は隣り合っていますね．このときの状況を，分数に拡張したものです．

$$\dfrac{2}{1}\,\,\dfrac{3}{1} \qquad \longleftarrow \qquad 1\times3-2\times1=1$$

ちなみに整数は（分母が 1 の）分数とみなします．数学では，分数の形に表せる数を**有理数**と呼んでいます．小数も（$0.3=\dfrac{3}{10}$ と表されることから）有理数の仲間に入れています．

　整数の分母は 1 とします．0 は $\dfrac{0}{1}$，1 は $\dfrac{1}{1}$ とします．（約分すれば，$\dfrac{0}{2}=\dfrac{0\div2}{2\div2}=\dfrac{0}{1}$，$\dfrac{3}{3}=\dfrac{3\div3}{3\div3}=\dfrac{1}{1}$ となっていますね．）

◆お隣さんの分数

　お隣さんといったら，通常は両隣の2軒ですよね．整数でも，2のお隣さんは1と3の2個です．でも<u>分数に広げると……，お隣さんは2個とは限らなくなってきます</u>．

$$\frac{0}{1} \diagdown \frac{1}{2} \quad \leftarrow \quad 1\times 1 - 0\times 2 = 1$$

$$\frac{1}{2} \diagdown \frac{1}{1} \quad \leftarrow \quad 2\times 1 - 1\times 1 = 1$$

　これで $\frac{1}{2}$ のお隣さんが $\frac{0}{1}$，$\frac{1}{1}$ と2個見つかったので一安心……ではないのです．$\frac{1}{2}$ と隣り合う分数は，まだあります．

　たとえば，すでに見つかった次の $\frac{0}{1}$ において，

$$\frac{0}{1} \diagdown \frac{1}{2} \quad \leftarrow \quad 1\times 1 - 0\times 2 = 1$$

右の等式で，1 を (1+2) にかえ，0 を (0+1) にかえます．すると次のように（2×1 たして 1×2 引くので）等式がそのまま成り立ち，$\frac{1}{2}$ のお隣さん $\frac{1}{3}$ が見つかります．

$$1\times 1 - 0\times 2 = 1$$

$$(1+2)\times 1 - (0+1)\times 2 = 1$$

$$3\times 1 - 1\times 2 = 1$$

$$\frac{1}{3} \diagdown \frac{1}{2} \quad \leftarrow \quad 3\times 1 - 1\times 2 = 1$$

　今度は，すでに見つかった次の $\frac{1}{1}$ において，

$$\frac{1}{2} \diagdown \frac{1}{1} \quad \leftarrow \quad 2\times 1 - 1\times 1 = 1$$

右の等式で，（左の）1 を $(1+1)$ にかえ，（右の）1 を $(1+2)$ にかえます．やはり次のように（2×1 たして 1×2 引くので）等式がそのまま成り立ち，$\dfrac{1}{2}$ のお隣さん $\dfrac{2}{3}$ が見つかります．

$$2 \times 1 - 1 \times 1 = 1$$

$$2 \times (1+1) - 1 \times (1+2) = 1$$

$$2 \times 2 - 1 \times 3 = 1$$

$$\dfrac{1}{2} \diagdown \dfrac{2}{3} \quad \longleftarrow \quad 2 \times 2 - 1 \times 3 = 1$$

同様にやれば，他にも $\dfrac{1}{2}$ のお隣さんが見つかります．

$$\dfrac{2}{5} \diagdown \dfrac{1}{2} \quad \longleftarrow \quad 5 \times 1 - 2 \times 2 = 1$$

$$\dfrac{1}{2} \diagdown \dfrac{3}{5} \quad \longleftarrow \quad 2 \times 3 - 1 \times 5 = 1$$

この調子で続けていけば，どんどん $\dfrac{1}{2}$ のお隣さんが見つかってくるというものです．

この $1x - 2y = 1$ や $2x - 1y = 1$ のように，解 (x, y) が 1 つに定まらない方程式は**不定方程式**と呼ばれています．

◆隣り合う分数の性質

1 つ分数があったとして，これに隣り合う分数をどうやって見つけたらよいのでしょうか．（いよいよ本論に入ってきました．目標は，2 個の特別な隣り合う分数を見つけることです．）

まずは，そのために必要な準備をしておきましょう．

【問】分数 $\dfrac{a}{b}$ と $\dfrac{c}{d}$ が隣り合っているとき，それぞれの逆数の $\dfrac{b}{a}$ と $\dfrac{d}{c}$ も隣り合うことを示しましょう．

ちなみに $\dfrac{1}{\frac{a}{b}}=1\div\dfrac{a}{b}=1\times\dfrac{b}{a}=\dfrac{b}{a}$ です．（例の「分数の割り算はひっくり返してかけ算」です．この先で $a>b$ のとき，$\dfrac{b}{a}=\dfrac{1}{\frac{a}{b}}$ として，割り算「$a\div b$」に持ち込むための準備です．）

さて（$\dfrac{1}{\frac{a}{b}}$ と $\dfrac{1}{\frac{c}{d}}$ に現れた）$\dfrac{a}{b}$ と $\dfrac{c}{d}$ が隣り合っていたら，

$$\dfrac{a}{b}\diagdown\dfrac{c}{d}\qquad \longleftarrow\qquad bc-ad=\pm1$$

となっています．どちらも逆数にした $\dfrac{b}{a}$ と $\dfrac{d}{c}$ も（上式の両辺に (-1) をかければ $-bc+ad=\mp1$ となり）

$$\dfrac{b}{a}\diagdown\dfrac{d}{c}\qquad \longleftarrow\qquad ad-bc=\mp1$$

（大小は逆になりますが）やはり隣り合います．

さて，$\dfrac{1}{3}$ と $\dfrac{1}{2}$ は隣り合う分数です．（$3\times1-1\times2=1$）

じつは，この両方に同じ整数をたしても，やはり隣り合います．たとえば $5+\dfrac{1}{3}=\dfrac{16}{3}$ と $5+\dfrac{1}{2}=\dfrac{11}{2}$ も隣り合っています．

$$\dfrac{16}{3}\diagdown\dfrac{11}{2}\qquad \longleftarrow\qquad 3\times11-16\times2=1$$

（この先で，「$16 \div 3 = 5$ 余り 1」を「$\dfrac{16}{3} = 5 + \dfrac{1}{3}$」とした際に

用いる予定です．）

【問】 分数 $\dfrac{b}{a}$ と $\dfrac{d}{c}$ が隣り合っているとき，$n + \dfrac{b}{a}$ と

$n + \dfrac{d}{c}$（n は整数）も隣り合うことを示しましょう．

$$n + \frac{b}{a} = \frac{na+b}{a}, \quad n + \frac{d}{c} = \frac{nc+d}{c}$$

$$\frac{na+b}{a} \diagdown \frac{nc+d}{c}$$

$$a(nc+d) - c(na+b)$$
$$= nac + ad - nac - bc$$
$$= ad - bc$$

n が消えたということは，n をたしても隣り合うかどうかは変わらないということですね．

これで準備が整いました．いよいよ 2 個の特別な隣り合う分数を見つけていきます．その前に，まずは己を知れということで，（自分である）分数の見かけを少々変えて（整えて）いきます．

◆ユークリッドの互除法

それでは初心にかえって，まずは分数の約分です．約分は，分子と分母を**最大公約数**で割ります．

小学生には，" かけ算の九九 " の範囲内でおさまるように，問題を配慮しています．

それでは大人なら，どんな分数でも約分できるでしょうか．

【問】 次の分数を約分しましょう．

$$\frac{247}{299}$$

　問題は，299 と 247 の最大公約数をどうやって求めるかですね．

　これが 28 と 42 の最大公約数なら簡単です．

　まず何で割れるか（**約数**）の見当をつけて，どんどん割っていきます．

$$\begin{array}{r} 2)\underline{28} \\ 2)\underline{14} \\ 7 \end{array} \qquad \begin{array}{r} 2)\underline{42} \\ 3)\underline{21} \\ 7 \end{array}$$

この割り算を，逆にかけ算で表したものが**素因数分解**です．

$$28 = 2 \times 2 \times 7$$
$$42 = 2 \times 3 \times 7$$

素因数分解ができれば，後は共通の素因数を探すだけです．

　28 と 42 の（ただの）公約数なら 2 や 7 でもいいですが，最大公約数となると $2 \times 7 = 14$ です．

　問題は，どうやれば素因数分解ができるかです．

　299 や 247 が素因数分解できることは（整数論で証明されていて）確実ですが，実際にやるとなると話は別です．（巨大な整数の）素因数分解が難しいことは，（解けると困る）暗号に用いられているほどなのです．

　でも安心してください．素因数分解が分からなくても，最大公約数は求まります．（つまり約分できます．）その計算手順（アルゴリズム）は，古くから知られています．**ユークリッドの互除法**です．互除法というのは，**互**いに割っていく方法（**除法**）です．

　割り算（除法）は，

「大きい方から小さい方を引いてみよう！」

の（引けるだけ引く）引き算です．

　余りが出たら，今度は「小さい方」から，「それより小さい余り」を（引けるだけ）引いていきます．

$$299 \div 247 = 1 \quad 余り \quad 52$$
$$247 \div 52 = 4 \quad 余り \quad 39$$
$$52 \div 39 = 1 \quad 余り \quad 13$$
$$39 \div 13 = 3 \quad 余り \quad 0$$

　余りが 0 となったときの割る数 **13** が，299 と 247 の最大公約数です．問題の約分は，次のようになります．

$$\frac{247}{299} = \frac{247 \div 13}{299 \div 13} = \boxed{\frac{19}{23}}$$

　a と b の**最大公約数**を (a, b) と表すことにしましょう．（文脈から，座標と間違う心配はない……と思われます．）

ここで，先ほどの式を振り返ってみます．

1行目は $299 \div 247$ でした．（1行目がなくて）2行目の $247 \div 52$ から始めても，3行目の $52 \div 39$ から始めても，どれも最終的に4行目の $39 \div 13$ にたどり着きます．つまり最大公約数 $(299,247)$ も，$(247,52)$ も，$(52,39)$ も，$(39,13)$ も同じということです．最後の $(39,13)$，つまり 39 と 13 の最大公約数は 13 です．「$39 \div 13 = 3$ 余り 0」で，（39 も 13 も）**13** で割り切れるのです．

$$(299, 247) = (247, 52)$$
$$= (52, 39) = (39, 13) = 13$$

◆ユークリッドの互除法と最大公約数

ユークリッドの互除法で，最大公約数が求まるのはなぜでしょうか．

上で見てきたように，

$$299 \div 247 = 1 \quad 余り \quad 52$$

のとき，$(299,247) = (247,52)$ でした．じつは一般に，

$$a \div b = q \quad 余り \quad r \quad (0 \leq r < b)$$

のとき，$(a, b) = (b, r)$ となるのです．

a や b より，具体的な 299 と 247 の方が分かりやすいですね．でも図を描く都合というものがあるのです．

そこで 24 と 9 に変更して，（図を助けに）これから見ていくことにしましょう．

まずユークリッドの互除法は，次の通りです．

$$24 \div 9 = 2 \quad 余り \quad 6$$
$$9 \div 6 = 1 \quad 余り \quad 3$$
$$6 \div 3 = 2 \quad 余り \quad 0$$

縦 9，横 24 の長方形の辺に，同じ（整数の）長さのテープを貼っていくと想像しましょう．これから，どちらの辺もキッチリ貼れるテープの長さ（**公約数**）の中で，一番長いテープの長さ（**最大公約数**）を見つけていきます．

ちなみに $(a, b) = (b, a)$ で，縦と横はどちらでも（長方形をどう置いても）かまいません．

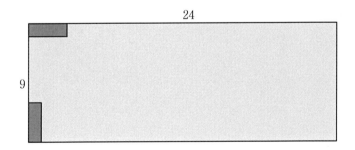

縦 9 がキッチリ貼れるなら，横 24（24 ÷ 9 = 2 余り 6）の中の 9 × 2 は貼れるので，余りの 6 も貼れるはずです．

（大きい方の 24 から小さい方の 9 を 2 回引いた残りが，余りの 6 です．）

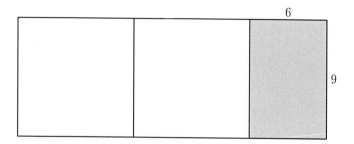

　この段階で，横 24 は余りの 6 と置きかわり，縦 9，横 24 の長方形から，縦 9，横 6 の長方形へと問題が移ってきました．$(24,9)=(6,9)$ というわけです．

　この先も同じで，横 6 がキッチリ貼れるなら，縦 9（$9÷6=1$ 余り 3）の中の $6×1$ は貼れるので，余りの 3 も貼れるはずです．

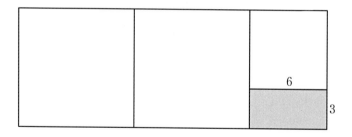

　この段階で，縦 9 は余りの 3 と置きかわり，縦 9，横 6 の長方形から，縦 3，横 6 の長方形へと問題が移ってきました．$(9,6)=(3,6)$ というわけです．

　縦 3，横 6 の長方形なら簡単です．（$6÷3=2$ 余り 0 ということは，横 6 は長さ 3 のテープ 2 枚分で）縦 3，横 6 はどちらも長さ 3 のテープで貼れます．$(3,6)=3$ です．

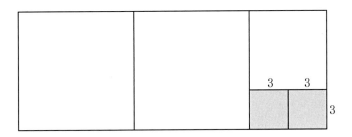

「大きい方から小さい方を引いてみよう！」の引き算を（引けるだけ）やったら，今度は小さくなった余りを使って，同じことを繰り返していきましたね.

テープを貼るのではなく,（できるだけ大きな）正方形で敷き詰める問題にかえると，次のような図になります.

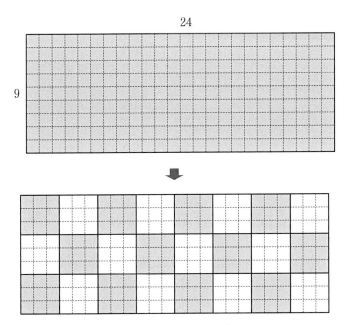

この計算手順（アルゴリズム）は必ず終わります．コンピュ

ータにやらせても，暴走する心配はありません.

　余りは割る数より小さいのです．割る数を余りに置きかえ
ていくと，その余りはさらに小さくなり，やがて余り0とな
ります.（プログラムは，余り0で終了させます.）余りが0
となったときの**割る数**が，テープの長さ（**最大公約数**）という
わけです.

　ちなみに，もし余りに1が出てきたら，その次の段階で余
りは必ず0となります．どんな整数も1では割り切れるので
す．このときの割る数，つまり最大公約数は1です.

　a と b の最大公約数が1のとき，a と b は**互いに素**と呼ばれ
ています．a と b の両方を割り切る数（公約数）が1だけとい
う状況です．**既約分数** $\dfrac{b}{a}$ の a と b は互いに素です．a と b に
は，もう両方を割り切る数（公約数）は1の他にはありませ
ん.

　整数の分母は1としましたね．たとえば0は $\dfrac{0}{1}$，1は $\dfrac{1}{1}$ と
しました．このとき，1と0の両方を割り切る数は1しかな
く，1と1の両方を割り切る数も1しかありません.

$$\frac{247}{299}=\frac{247\div13}{299\div13}=\frac{19}{23}\quad\longleftarrow\text{ 23 と 19 は互いに素}$$

$$\frac{9}{24}=\frac{9\div3}{24\div3}=\frac{3}{8}\quad\longleftarrow\text{ 8 と 3 は互いに素}$$

ユークリッドの互除法を用いると，（素因数分解は困難でも）
2つの整数の最大公約数は求まります．分数の約分は，分子
と分母を最大公約数で割るので，約分に関しては一件落着で
す.

　暗号では，このユークリッドの互除法が利用されています.

コンピュータにやらせるには，単に存在するとか，証明できるということではなく，計算手順（アルゴリズム）があることが大事なのです．

◆最小公倍数の求め方

　2つの整数の**最大公約数**は，（素因数分解が困難でも）ユークリッドの互除法で求まります．

　それでは，通分で用いた**最小公倍数**はどうでしょうか．（ついでというわけではなく，暗号で用いるのです．）

$$\frac{5}{24} - \frac{1}{9} = \frac{5}{3 \times 8} - \frac{1}{3 \times 3} = \frac{15 - 8}{3 \times 8 \times 3} = \frac{7}{72}$$

　まず24と9の最大公約数$(24, 9)$をユークリッドの互除法で求めると，$(24, 9) = 3$です．

　これを用いて，**24と9の最小公倍数を求めましょう．**

　まず$24 = 3 \times a'$，$9 = 3 \times b'$とすると，a'とb'は互いに素で，どちらも割り切る数（公約数）は1しかありません．

　（a'とb'が互いに素となると），$24 = 3 \times a'$，$9 = 3 \times b'$をそれぞれ何倍かした共通の倍数（公倍数）には，3もa'もb'も，かけ算の形で（因数として）入ってきます．

　そんな中で一番小さい最小公倍数は$3 \times a' \times b'$ですが，これは（a'とb'を求めなくても），$3 \times a' \times b' = \{(3 \times a') \times (3 \times b')\} \div 3 = 24 \times 9 \div 3$で求まります．

　つまりaとbの素因数分解が不明でも，その最大公約数(a, b)をユークリッドの互除法で求めれば，最小公倍数も次の式で（すぐに）出てきます．

《 最小公倍数 》

a と b の最小公倍数は，$a \times b \div (a, b)$

（ここで (a, b) は a と b の最大公約数）

24 と 9 の最小公倍数なら，

$$24 \times 9 \div (24, 9) = 24 \times 9 \div 3 = 72$$

と求まります．

◆連分数

いよいよ（自分である）分数の見かけを変える（整える）ときがやってきました．

ユークリッドの互除法を，たった 1 行の（**連分数**と呼ばれる）分数の形に表すのです．（こうすることで，自分に隣り合う特別な分数を 2 個見つけることに繋がってきます．）

あらかじめ（最大公約数で割って）約分しておき，$\dfrac{b}{a}$ は既約分数，つまり a と b は**互いに素**とします．互いに素となると，ユークリッドの互除法で求まってくる最大公約数は 1 です．

たとえば，先ほど約分して出てきた $\dfrac{3}{8}$ の 8 と 3 は互いに素です．ユークリッドの互除法では，次のように余り 1 が出てきます．

$$8 \div 3 = 2 \quad 余り \quad 2$$
$$3 \div 2 = 1 \quad 余り \quad 1$$
$$2 \div 1 = 2 \quad 余り \quad 0$$

それでは，$\dfrac{3}{8}$ を分数の形（連分数）に表していきましょう.

まず（「大きい方の 8」から「小さい方の 3」を引けるだけ引く）「$8 \div 3$」ですが，（$\dfrac{3}{8}$ の逆数を取り）「$\dfrac{3}{8} = \dfrac{1}{\frac{8}{3}}$」とします.

すると右辺に「$8 \div 3$」が $\dfrac{8}{3}$ として出てきます. その結果の「$8 \div 3 = 2$ 余り 2」は，「$\dfrac{8}{3} = 2 + \dfrac{2}{3}$」となります.

ここまでの段階は，次のようになってきます.

$$\frac{3}{8} = \frac{1}{\frac{8}{3}} = \frac{1}{2 + \frac{2}{3}}$$

この中の $\dfrac{2}{3}$ から（逆数を取って $\dfrac{3}{2}$ として）「小さい方だった 3」を「さらに小さい余りの 2」で同様にやっていきます.

すると（上の）ユークリッドの互除法は，次のようになってきます.

$$\frac{3}{8} = \frac{1}{\frac{8}{3}} = \frac{1}{2 + \frac{2}{3}}$$

$$= \frac{1}{2 + \frac{1}{\frac{3}{2}}} = \frac{1}{②+ \cfrac{1}{①+\frac{1}{②}}} \left[= \frac{1}{2 + \cfrac{1}{1 + \frac{1}{1 + \frac{1}{1}}}} \right]$$

分子には（逆数を取ったので）1 が並びますが，一番下の $\frac{1}{2}$ の分子 1 は（互いに素から出てくる）余りの 1 です．

分母の□で囲んだ「2, 1, 2」は，p41 の割り算での商です．

この最後の商「2」は，（必ず出てくる）余り 1 より（真に）大きいことに着目です．このため [　] で $2 = 1 + \frac{1}{1}$ としたように，いつでも $q_n = (q_n - 1) + \frac{1}{1}$ とできます．

既約分数 $\frac{b}{a}$ を分数の形（連分数）で表したとき，1 番下の分母は q_n と $(q_n - 1) + \frac{1}{1}$ の 2 通りがあるのです．（<u>特別な隣り合う分数を 2 個見つける際に，この 2 通りが関わってきます</u>．）

【問】　23 と 19 の最大公約数を，ユークリッドの互除法で求めましょう．その互除法を，分数の形（連分数）で表しましょう．

この 23 と 19 は，p33 で約分して出てきた $\frac{19}{23}$ の分母と分子で，互いに素です．

ユークリッドの互除法では，次のように余り 1 が出てきます．

$$23 \div 19 = 1 \quad 余り \quad 4$$
$$19 \div 4 = 4 \quad 余り \quad 3$$
$$4 \div 3 = 1 \quad 余り \quad 1$$
$$3 \div 1 = 3 \quad 余り \quad 0$$

これを分数の形（連分数）で表すと，次のようになります．

$$\frac{19}{23} = \frac{1}{\frac{23}{19}} = \frac{1}{1+\frac{4}{19}}$$

$$= \frac{1}{1+\frac{1}{\frac{19}{4}}} = \frac{1}{1+\frac{1}{4+\frac{3}{4}}}$$

$$= \frac{1}{1+\frac{1}{4+\frac{1}{\frac{4}{3}}}} = \frac{1}{1+\frac{1}{4+\frac{1}{1+\frac{1}{3}}}} \left[= \frac{1}{1+\frac{1}{4+\frac{1}{1+\frac{1}{2+\frac{1}{1}}}}} \right]$$

◆連分数と隣り合う分数

$\frac{3}{8}$ という簡単な分数を，（ユークリッドの互除法を通して）

ずいぶん複雑な分数（連分数）に変え（整え）ましたね．

$$\frac{3}{8} = \frac{1}{2+\frac{1}{1+\frac{1}{2}}} \left[= \frac{1}{2+\frac{1}{1+\frac{1}{1+\frac{1}{1}}}} \right]$$

いよいよ上の式を利用して，$\frac{3}{8}$ に隣り合う特別な分数を 2

個見つけていきましょう．しかも<u>分母が $\frac{3}{8}$ の 8 より小さい分数</u>です．

1 つ目は，上記左側（次の左側）を用います．その中の $\frac{1}{2}$ を $0\left(\frac{0}{1}\right)$ にしたものが 1 つ目で，次の右側です．

$$\cfrac{1}{2+\cfrac{1}{1+\frac{1}{2}}}, \quad \cfrac{1}{2+\cfrac{1}{1+\frac{0}{1}}}$$

これから上の 2 つの分数を，<u>下から順に見比べていきます．</u>

まず $\frac{1}{2}$ と $\frac{0}{1}$ は，$2\times0-1\times1=-1$ で隣り合っています．

（$\frac{1}{2}$ でなく $\frac{1}{a}$ でも，$\frac{1}{a}$ と $\frac{0}{1}$ は $a\times0-1\times1=-1$ で隣り合っています．）

同じ 1 をたした，$1+\frac{1}{2}=\frac{3}{2}$ と $1+\frac{0}{1}=\frac{1}{1}$ も隣り合います．

逆数の $\frac{1}{1+\frac{1}{2}}=\frac{2}{3}$ と $\frac{1}{1+\frac{0}{1}}=\frac{1}{1}$ も隣り合います．

同じ 2 をたした，$2+\frac{1}{1+\frac{1}{2}}=\frac{8}{3}$ と $2+\frac{1}{1+\frac{0}{1}}=\frac{3}{1}$ も隣り合います．

その逆数の（式は省略しますが）$\frac{3}{8}$ と $\frac{1}{3}$ も隣り合います．

これで上まで到達しました．$\frac{3}{8}$ に隣り合う特別な分数 $\boxed{\frac{1}{3}}$ が見つかったのです．

$$\frac{3}{8}\diagdown\frac{1}{3} \quad \leftarrow \quad \left[8\times1-3\times3=-1\right]$$

見つけた $\dfrac{1}{3}$ は分母 3 で，元の $\dfrac{3}{8}$ の分母 8 より小さくなっています．

$\dfrac{3}{8}$ と $\dfrac{1}{3}$ の大小関係ですが，（1 番下の）$1+\dfrac{1}{2}$ と $1+\dfrac{0}{1}$ の段階では，元の方が大きいですね．これが逆数を取るたびに逆転するので，逆数を取った回数で決まってきます．

それでは，2 つ目を見つけていきましょう．今度は下記右側の［　］の中の式を用います．

$$\frac{3}{8}=\cfrac{1}{2+\cfrac{1}{1+\cfrac{1}{2}}}\left[=\cfrac{1}{2+\cfrac{1}{1+\cfrac{1}{1+\cfrac{1}{1}}}}\right]$$

この一番下の $\dfrac{1}{1}$ を $0\left(\dfrac{0}{1}\right)$ にしたものが 2 つ目で，次の右側です．

$$\cfrac{1}{2+\cfrac{1}{1+\cfrac{1}{1+\cfrac{1}{1}}}}\,,\quad\cfrac{1}{2+\cfrac{1}{1+\cfrac{1}{1+\cfrac{0}{1}}}}$$

上の 2 つの分数を，（先ほどと同様に）下から順に見比べていきます．

まず $\dfrac{1}{1}$ と $\dfrac{0}{1}$ は，$1\times 0-1\times 1=-1$ で隣り合っています．

同じ 1 をたした，$1+\dfrac{1}{1}=\dfrac{2}{1}$ と $1+\dfrac{0}{1}=\dfrac{1}{1}$ も隣り合います．

逆数の $\dfrac{1}{1+\dfrac{1}{1}}=\dfrac{1}{2}$ と $\dfrac{1}{1+\dfrac{0}{1}}=\dfrac{1}{1}$ も隣り合います．

同じ 1 をたした（式は省略しますが）$\dfrac{3}{2}$ と $\dfrac{2}{1}$ も隣り合いま

す.

　その逆数の（式は省略しますが）$\dfrac{2}{3}$ と $\dfrac{1}{2}$ も隣り合います.

　同じ 2 をたした（式は省略しますが）$\dfrac{8}{3}$ と $\dfrac{5}{2}$ も隣り合います.

　その逆数の（式は省略しますが）$\dfrac{3}{8}$ と $\dfrac{2}{5}$ も隣り合います.

　これで上まで到達しました. $\dfrac{3}{8}$ に隣り合う特別な分数 $\boxed{\dfrac{2}{5}}$ が見つかったのです.

$$\dfrac{3}{8} \diagbox \dfrac{2}{5} \quad \longleftarrow \quad \left[\, 8 \times 2 - 3 \times 5 = 1 \,\right]$$

　見つけた $\dfrac{2}{5}$ は分母 5 で, 元の $\dfrac{3}{8}$ の分母 8 より小さくなっています.

　$\dfrac{3}{8}$ と $\dfrac{2}{5}$ の大小関係は, （1 番下の）$1 + \dfrac{1}{1}$ と $1 + \dfrac{0}{1}$ の段階で元の方が大きいのは 1 つ目と同じですが, 2 つ目では逆数を取った回数が 1 つ目より 1 回多いため, 1 つ目と大小が逆になってきます.

　1 つ目と 2 つ目では, $\dfrac{1}{3} < \dfrac{3}{8} < \dfrac{2}{5}$ というように, 元の $\dfrac{3}{8}$ より小さい分数と大きい分数が見つかるのです. （大小どちらかは, 元の分数を連分数に表したとき, 何回逆数を取ったかで決まります. つまりユークリッドの互除法で, 何回割り算したかで決まるのです.）

◆見つけた分数の分母

どうして（この方法で）見つけた特別な分数の分母は，元の分数の分母より小さいのでしょうか．

例として，元の $\dfrac{3}{8}$ と（2つ目の）$\dfrac{2}{5}$ の連分数を，ユークリッドの互除法に戻して比べてみましょう．

（見つけ方から，最後を除いた商「2, 1」は同じで，下の方から求まる $\dfrac{b}{a}$ が $\dfrac{2}{5}$ です．）

$$8 \div 3 = 2 \qquad 余り \quad 2$$
$$3 \div 2 = 1 \qquad 余り \quad 1$$
$$2 \div 1 = 1 + 1 \qquad 余り \quad 0$$

$$a \div b = 2 \qquad 余り \quad c$$
$$b \div c = 1 \qquad 余り \quad 1$$
$$c \div 1 = 1 + 0 \qquad 余り \quad 0$$

既約分数 $\dfrac{3}{8}$ の分子と分母は互いに素なので，最大公約数の 1 が余りに現れてきます．

余りが 1 となったら，当然ながらその次の式は，1 で割って余りが 0 です．（$2 \div 1 = 1 + 1$ 余り 0）下の方では，この $1 + 1 = 1 + \dfrac{1}{1}$ を $1 + 0 = 1 + \dfrac{0}{1}$ と 1 だけ小さくして，隣り合う

分数を求めたのです.

それでは下から順に見ていきましょう.

3 行目の c は,(2 より)1 だけ小さくなります.

c が小さくなると,$b = 1 \times c + 1$ も($3 = 1 \times 2 + 1$ より)小さくなります.

b も c も小さくなると,求める分母の $a = 2 \times b + c$ も($8 = 2 \times 3 + 2$ より)小さくなるのです.

一般の場合も,下から順にたどってみれば分かります.

◆両隣の分数を見つけよう

これまでのことを振り返ってみましょう.ここでは,これまでの方法で見つけた 2 個の特別な分数を**両隣の分数**と呼ぶことにします.

【問】 次を用いて,$\dfrac{19}{23}$ に隣り合い,分母が 23 より小さい分数を 2 個見つけましょう.

$$\frac{19}{23} = \cfrac{1}{1 + \cfrac{1}{4 + \cfrac{1}{1 + \cfrac{1}{3}}}} \left[= \cfrac{1}{1 + \cfrac{1}{4 + \cfrac{1}{1 + \cfrac{1}{2 + \cfrac{1}{1}}}}} \right]$$

---

1 つ目は,上式の左側の $\dfrac{1}{3}$ を $0 \left(\dfrac{0}{1} \right)$ にして求めます.

$$\frac{1}{3} \diagdown \frac{0}{1} \quad \leftarrow \quad \left[3 \times 0 - 1 \times 1 = -1 \right]$$

$$\cfrac{1}{1+\cfrac{1}{4+\cfrac{1}{1+\frac{0}{1}}}} = \cfrac{1}{1+\cfrac{1}{4+1}}$$

$$= \cfrac{1}{1+\frac{1}{5}} = \cfrac{1}{\frac{6}{5}} = \boxed{\frac{5}{6}}$$

$$\frac{19}{23} \diagdown\diagup \frac{5}{6} \quad \leftarrow \left[23\times5-19\times6=1 \right]$$

2つ目は，上式の右側 [ ] の $\frac{1}{1}$ を $0\left(\dfrac{0}{1}\right)$ にして求めます．

$$\frac{1}{1} \diagdown\diagup \frac{0}{1} \quad \leftarrow \left[1\times0-1\times1=-1 \right]$$

$$\cfrac{1}{1+\cfrac{1}{4+\cfrac{1}{1+\cfrac{1}{2+\frac{0}{1}}}}} = \cfrac{1}{1+\cfrac{1}{4+\cfrac{1}{1+\frac{1}{2}}}}$$

$$= \cfrac{1}{1+\cfrac{1}{4+\frac{2}{3}}}$$

$$= \cfrac{1}{1+\frac{3}{14}} = \boxed{\frac{14}{17}}$$

$$\frac{19}{23} ，\diagdown\diagup \frac{14}{17} \quad \leftarrow \left[23\times14-19\times17=-1 \right]$$

大小関係に関しては $\dfrac{14}{17}<\dfrac{19}{23}<\dfrac{5}{6}$ となっていて，元の $\dfrac{19}{23}$ が見つかった $\dfrac{14}{17}$ と $\dfrac{5}{6}$ の間にあります．

この $\dfrac{14}{17}$ と $\dfrac{5}{6}$ が，$\dfrac{19}{23}$ の**両隣の分数**です．

◆両隣の分数どうしの関係

先ほどは $\frac{3}{8}$ に隣り合い，分母が 8 より小さい分数として，$\frac{1}{3}$ と $\frac{2}{5}$ を見つけました．

また $\frac{19}{23}$ に隣り合い，分母が 23 より小さい分数として，$\frac{14}{17}$ と $\frac{5}{6}$ を見つけました．

これらを見て，何か気づきましたか．

（特別な隣り合う分数である**両隣の分数**が 2 個見つかったのですが，どこがどう特別だというのでしょうか．）

じつは隣り合っているのは，自分と両隣だけではないのです．何と（自分を抜きにした）両隣どうしも隣り合っているのです．

$\frac{3}{8}$ では $\frac{1}{3}$, $\frac{3}{8}$, $\frac{2}{5}$ だけでなく，$\frac{1}{3}$ と $\frac{2}{5}$ も隣り合っています．

$$\frac{1}{3} \diagdown \frac{2}{5} \quad \leftarrow \left[\, 3 \times 2 - 1 \times 5 = 1 \,\right]$$

$\frac{19}{23}$ でも $\frac{14}{17}$, $\frac{19}{23}$, $\frac{5}{6}$ だけでなく，$\frac{14}{17}$ と $\frac{5}{6}$ も隣り合っているのです．

$$\frac{14}{17} \diagdown \frac{5}{6} \quad \leftarrow \left[\, 17 \times 5 - 14 \times 6 = 1 \,\right]$$

これって特別ですよね．そうなる理由ですが，これらの分数の出自を確認してみましょう．

まずは，$\dfrac{3}{8}$ の（これまでに求めた）両隣の分数を見てみます．

$$\frac{1}{3} = \cfrac{1}{2 + \cfrac{1}{1 + \cfrac{0}{1}}}, \qquad \frac{2}{5} = \cfrac{1}{2 + \cfrac{1}{1 + \cfrac{1}{1\boxed{+\frac{0}{1}}}}}$$

右側の $\boxed{+\dfrac{0}{1}}$ を除いて，$\dfrac{0}{1}$ と $\dfrac{1}{1}$ から始めることで，（これまでと同様に），$\dfrac{1}{3}$ と $\dfrac{2}{5}$ が隣り合うことが確認できます．

今度は，$\dfrac{19}{23}$ の（これまでに求めた）両隣の分数を見てみます．

$$\frac{14}{17} = \cfrac{1}{1 + \cfrac{1}{4 + \cfrac{1}{1 + \cfrac{1}{2\boxed{+\frac{0}{1}}}}}}, \qquad \frac{5}{6} = \cfrac{1}{1 + \cfrac{1}{4 + \cfrac{1}{1 + \cfrac{0}{1}}}}$$

左側の $\boxed{+\dfrac{0}{1}}$ を除いて，これまでと同様に $\dfrac{1}{2}$ と $\dfrac{0}{1}$ から始めるだけのことです．ちなみに $\dfrac{1}{2}$ を一般の $\dfrac{1}{a}$ としても，$\dfrac{1}{a}$ と $\dfrac{0}{1}$ は $a \times 0 - 1 \times 1 = -1$ で隣り合っています．

これまで見てきた方法とその結果は，$\dfrac{1}{2}$ を $\dfrac{1}{a}$ にしたり，ユークリッドの互除法で出てくる式を増やしたりすれば，一般にも成り立つことが分かります．

《 両隣の分数 》

既約分数 $\dfrac{y}{x}$ に対して，次をみたす両隣の分数 $\dfrac{b}{a}$ と $\dfrac{d}{c}$ が存在する.

- $a < x,\ c < x$（分母が元より小さい）

- $\dfrac{b}{a},\ \dfrac{y}{x},\ \dfrac{d}{c}$ は（この順に）隣り合っている

- $\dfrac{b}{a},\ \dfrac{d}{c}$ は（この順に）隣り合っている

◆自分と両隣の分数との関係

まだ他に，<u>何か特別なこと</u>に気づきましたか.

$\dfrac{3}{8}$ では，$\dfrac{1}{3},\ \dfrac{3}{8},\ \dfrac{2}{5}$ が（この順に）隣り合っていました.

何と（これまでの方法で見つけた）この<u>両隣</u>から，<u>自分が出てくる</u>のです.

$$\frac{1}{3},\ \frac{3}{8},\ \frac{2}{5} \implies \frac{1+2}{3+5} = \frac{3}{8}$$

くれぐれも「$\dfrac{1}{3} + \dfrac{2}{5}$」ではありませんよ.

$\dfrac{19}{23}$ では，$\dfrac{14}{17}$，$\dfrac{19}{23}$，$\dfrac{5}{6}$ が（この順に）隣り合っていました．

こちらも，両隣から自分が出てきます．

$$\frac{14}{17},\ \frac{19}{23},\ \frac{5}{6}\ \Longrightarrow\ \frac{14+5}{17+6}=\frac{19}{23}$$

"分母どうし・分子どうし"をたし算してダメなのは，あくまでも「分数と分数のたし算」の場合です．こうやって新たな分数を作り出すことも，ケシカランという話ではないのです．

これから，そうなる理由を見ていきましょう．

具体的な数では見通しが悪いので，次のような形の数を考えます．ここでは，$q_1, q_2, \cdots$ が整数である必要はありません．途中で打ち切っても同じような形の数となりますが，それらとの関係を見ていきます．

$$\cfrac{1}{q_1+\cfrac{1}{q_2+\cfrac{1}{\cdots+\cfrac{1}{q_n}}}}$$

まずは n が小さい場合を見てみましょう．

《$n=1$》

$$\frac{1}{q_1}\left(=\frac{Q_1}{P_1}\right) \qquad P_1=q_1 \qquad Q_1=1$$

《$n = 2$》

$$\cfrac{1}{q_1 + \cfrac{1}{q_2}} = \frac{q_2}{q_2 q_1 + 1} = \frac{q_2 Q_1 + Q_0}{q_2 P_1 + P_0} \left(= \frac{Q_2}{P_2} \right)$$

$$\boxed{P_2 = q_2 P_1 + P_0, \qquad Q_2 = q_2 Q_1 + Q_0}$$

ここで P_1 と Q_1 は（途中で打ち切った）$\dfrac{1}{q_1}$ の $P_1 = q_1$, $Q_1 = 1$ ですが，P_0 と Q_0 は（他と合わせるために）$P_0 = 1$, $Q_0 = 0$ とします.

《$n = 3$》

$$\cfrac{1}{q_1 + \cfrac{1}{q_2 + \cfrac{1}{q_3}}} = \cfrac{1}{q_1 + \cfrac{q_3}{q_3 q_2 + 1}}$$

$$= \frac{q_3 q_2 + 1}{q_3 q_2 q_1 + q_1 + q_3}$$

$$= \frac{q_3 q_2 + 1}{q_3 (q_2 q_1 + 1) + q_1}$$

$$= \frac{q_3 Q_2 + Q_1}{q_3 P_2 + P_1} \left(= \frac{Q_3}{P_3} \right)$$

$$\boxed{P_3 = q_3 P_2 + P_1, \qquad Q_3 = q_3 Q_2 + Q_1}$$

ここで P_2 と Q_2 は（途中で打ち切った）$\dfrac{1}{q_1 + \dfrac{1}{q_2}}$ の $P_2 = q_2 q_1 + 1$, $Q_2 = q_2$ で，P_1 と Q_1 は（そのまた途中で打ち切った）$\dfrac{1}{q_1}$ の $P_1 = q_1$, $Q_1 = 1$ です.

これは次のように，$n=2$ に帰着させても出てきます．1番下の $\left(q_2+\dfrac{1}{q_3}\right)$ を除けば，他は同じであることに着目です．

$$
\begin{aligned}
\cfrac{1}{q_1+\cfrac{1}{\left(q_2+\frac{1}{q_3}\right)}}
&=\frac{\left(q_2+\frac{1}{q_3}\right)Q_1+Q_0}{\left(q_2+\frac{1}{q_3}\right)P_1+P_0}\\[2mm]
&=\frac{\left\{\left(q_2+\frac{1}{q_3}\right)Q_1+Q_0\right\}\times q_3}{\left\{\left(q_2+\frac{1}{q_3}\right)P_1+P_0\right\}\times q_3}\\[2mm]
&=\frac{q_3(q_2Q_1+Q_0)+Q_1}{q_3(q_2P_1+P_0)+P_1}\\[2mm]
&=\frac{q_3Q_2+Q_1}{q_3P_2+P_1}\quad\left(=\frac{Q_3}{P_3}\right)
\end{aligned}
$$

$$
P_3=q_3P_2+P_1,\qquad Q_3=q_3Q_2+Q_1
$$

$n=3$ の場合は，$n=2$ に帰着させて求まりましたね．……ということは，(この先も同様に) 次々に求まっていくということです．

そこで $n=(i-1)$ の場合の P_{i-1} と Q_{i-1} が，次のようになっていたとします．

$$
P_{i-1}=q_{i-1}P_{i-2}+P_{i-3},\qquad Q_{i-1}=q_{i-1}Q_{i-2}+Q_{i-3}
$$

これから $n=i$ のときを求めますが，先ほどと同様に (1番下の) $q_{i-1}+\dfrac{1}{q_i}$ をまとめることで，$n=(i-1)$ に持ち込みます．

$$\cfrac{1}{q_1+\cfrac{1}{q_2+\cfrac{1}{\cdots\cdots+\cfrac{1}{\left(q_{i-1}+\frac{1}{q_i}\right)}}}}$$

$$=\frac{\left(q_{i-1}+\frac{1}{q_i}\right)Q_{i-2}+Q_{i-3}}{\left(q_{i-1}+\frac{1}{q_i}\right)P_{i-2}+P_{i-3}}$$

$$=\frac{\left\{\left(q_{i-1}+\frac{1}{q_i}\right)Q_{i-2}+Q_{i-3}\right\}\times q_i}{\left\{\left(q_{i-1}+\frac{1}{q_i}\right)P_{i-2}+P_{i-3}\right\}\times q_i}$$

$$=\frac{q_i(q_{i-1}Q_{i-2}+Q_{i-3})+Q_{i-2}}{q_i(q_{i-1}P_{i-2}+P_{i-3})+P_{i-2}}$$

$$=\frac{q_iQ_{i-1}+Q_{i-2}}{q_iP_{i-1}+P_{i-2}}\ \left(=\frac{Q_i}{P_i}\right)$$

$$P_i=q_iP_{i-1}+P_{i-2},\quad Q_i=q_iQ_{i-1}+Q_{i-2}$$

$$(P_0=1,\ P_1=q_1\ ;\quad Q_0=0,\ Q_1=1)$$

$n=i$ のときも，同じようになってきましたね．

ここで問題に戻ります．

たとえば $\dfrac{19}{23}$ は次の通りでした．

$$\frac{19}{23} = \cfrac{1}{q_1 + \cfrac{1}{q_2 + \cfrac{1}{q_3 + \frac{1}{q_4}}}} \left(= \cfrac{1}{q_1 + \cfrac{1}{q_2 + \cfrac{1}{q_3 + \cfrac{1}{(q_4-1) + \frac{1}{1}}}}} \right)$$

このとき，両隣は次のようにして作りました．

$$\frac{5}{6} = \cfrac{1}{q_1 + \cfrac{1}{q_2 + \cfrac{1}{q_3 \left[+\frac{0}{1}\right]}}}, \quad \frac{14}{17} = \cfrac{1}{q_1 + \cfrac{1}{q_2 + \cfrac{1}{q_3 + \cfrac{1}{(q_4-1)\left[+\frac{0}{1}\right]}}}}$$

元の $\dfrac{19}{23}$ は q_4 まであったのが，$\dfrac{5}{6}$ は q_3 までとし，$\dfrac{14}{17}$ は (q_4-1) としたのです．

一般には，元の $\dfrac{y}{x}$ が p53 のように q_n まであるとき，$\dfrac{b}{a} < \dfrac{y}{x} < \dfrac{d}{c}$ となる両隣の分数は，$\dfrac{b}{a}$ と $\dfrac{d}{c}$ の一方は q_{n-1} まで，他方は q_n が (q_n-1) となります．つまり，(P_i, Q_i を p56 の通りとすると）次のようになります．

既約分数 $\dfrac{Q_n}{P_n}$ の**両隣の分数**は，

$$\frac{Q_{n-1}}{P_{n-1}}, \quad \frac{(q_n-1)Q_{n-1}+Q_{n-2}}{(q_n-1)P_{n-1}+P_{n-2}}$$

　それでは両隣から（分子どうし・分母どうしをたし算して）自分が出てくるか，確かめてみましょう.

$$\frac{Q_{n-1}+\{(q_n-1)Q_{n-1}+Q_{n-2}\}}{P_{n-1}+\{(q_n-1)P_{n-1}+P_{n-2}\}}=\frac{q_nQ_{n-1}+Q_{n-2}}{q_nP_{n-1}+P_{n-2}}$$

$$=\frac{Q_n}{P_n}$$

両隣から，確かに自分 $\dfrac{Q_n}{P_n}$ が出てきましたね.

《 自分と両隣の分数との関係 》

　既約分数 $\dfrac{y}{x}$ と，（これまでの作り方での）両隣の分数

$\dfrac{b}{a}, \dfrac{d}{c}\left(\dfrac{b}{a}<\dfrac{y}{x}<\dfrac{d}{c}\right)$ との間には，次のような関係がある.

$$\frac{b}{a}, \frac{y}{x}, \frac{d}{c} \implies \frac{b+d}{a+c}=\frac{y}{x}$$

 2節 ## ユークリッドの互除法と RSA 暗号

◆「余りの世界」

　小学校で割り算を 2 種類習ってきた，と聞いてビックリしたことがあります．その真相をたずねたところ……．

$$14 \div 3 = 4 \text{ 余り } 2$$

$$14 \div 3 = \frac{14}{3} \quad \left(= 4\frac{2}{3} \right)$$

　これは割り算の種類の問題ではなく，どこで考えているかの違いですね．「**整数の世界**」で考えると上の式になり，「**分数（有理数）の世界**」で考えると下の式になるのです．

　暗号では「**余りの世界**」が登場します．たとえば「13 で割った余りの世界」（mod 13 の世界）で考えます．13 で割った余りは「0，1，2，……，12」と有限個ですね．そもそもコンピュータは，有限でケリがつく話とは相性がよいのです．

　「整数の世界」では，$2 \times \bigcirc = 1$ となる $\bigcirc$ は存在しません．で

も「分数の世界」では存在します．$2 \times \dfrac{1}{2} = 1$ です．この $\dfrac{1}{2}$ は，2 の**逆数**（逆元）と呼ばれています．

　暗号は，元に戻せることが基本です．2 倍したのなら，$\dfrac{1}{2}$ 倍して元に戻せなくては話になりません．それでは「余りの世界」では，逆数はどうなってくるのでしょうか．分数のような新たな数が必要になってくるのでしょうか．ちなみに分数は，コンピュータとの相性はよくありません．

　それでは後の章の **RSA 暗号**の話に合わせて，「ℓ で割った余りの世界」での逆数を見ていきましょう．ここで（後の章に先んじて）取り上げる理由は，これまで見てきた**ユークリッドの互除法**がカギとなるからです．

　RSA 暗号では 2 つの（巨大な）素数 p, q を用います．例として，ここでは（小さいですが）$p = 13$, $q = 23$ とします．ℓ を $(p-1)$ と $(q-1)$ の**最小公倍数**とします．

　$(13-1) = 12$ と $(23-1) = 22$ の**最大公約数** $(12, 22)$ は（ユークリッドの互除法で求めると）2 です．これより ℓ は，p40 から次のように求まります．

$$\ell = (13-1) \times (23-1) \div 2 = 132$$

「132 で割った余りの世界」（mod 132 の世界）は「0, 1, 2, ……, 131」で構成されています．

　「分数」では，次のようになっていましたね．

$$\frac{2}{3} = \frac{4}{6} = \frac{6}{9} = \cdots\cdots$$

「mod 132 の世界」では，

$$\cdots\cdots \equiv -131 \equiv 1 \equiv 133 \equiv \cdots\cdots \pmod{132}$$

となっていて，（計算の途中では）「0, 1, 2, ……, 131」以外の数も出てきます．最終的には 132（の何倍か）をたしたり引いたりして「0, 1, 2, ……, 131」のどれかにします．分数の約分に比べると，ずっと簡単ですね．

◆ 逆数の有無

いよいよ逆数を探すことにしましょう．

……とはいっても，そもそも無いものを探すほど暇ではありませんよね．（存在するかどうかを，最初に確認しましょう．）

たとえば 11 には，（「mod 132 の世界」では）逆数が存在しません．

もし逆数 x が存在するとしたら，「$11 \times x = 1$」の両辺に，$\ell = 2 \times 2 \times 3 \times 11 = 132$ から 11 を除いた（割った）$2 \times 2 \times 3 = 12$ をかけると「$12 \times 11 \times x = 12 \times 1$」，「$132 \times x = 12$」となり，「$0 \equiv 12 \ (\text{mod} \ 132)$」となってしまいます．「12 を 132 で割ると余り 0」というおかしな結果が出たのは，そもそも逆数 x が存在するという仮定が誤っていたからです．つまり，11 には逆数は存在しません．

$10 = 2 \times 5$ にも逆数は存在しません．先ほどの両辺にかける数を，今度は $2 \times 3 \times 11 = 66$ とすれば分かります．

$9 = 3 \times 3$ にも逆数は存在しません．今度は $2 \times 2 \times 11 = 44$ をかけます．

$8 = 2 \times 2 \times 2$ にも逆数は存在しません．今度は $3 \times 11 = 33$ をかけるのです．

でも 7 には逆数が存在します．ちなみに 7 は $\ell = 2 \times 2 \times$

$3 \times 11 = 132$ と**互いに素**，つまり 7 と 132 の**最大公約数**は 1 です．$(7, 132) = 1$ です．

じつは<u>最大公約数が 1 のときは，具体的に逆数が求められるのです</u>．単に存在するという話ではなく，見つけ出す計算手順（アルゴリズム）があるのです．

◆逆数とユークリッドの互除法

逆数を求める計算手順（アルゴリズム）は，**ユークリッドの互除法**が基になっています．互いに割っていって（**除法**），最大公約数を求める方法です．「大きい方から小さい方を引いてみよう！」の（引けるだけ引く）引き算を（交互に）やっていく方法です．

それでは「mod 132 の世界」において，7 の逆数を求めてみましょう．

まずユークリッドの互除法で，132 と 7 の最大公約数を出します．互いに素なので，出てくる最大公約数は 1 です．

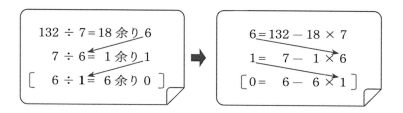

1 が余りに出たら，そこで終了します．

その次の式は 1 で割って余り 0 となり，このときの割り切る数 1 が最大公約数です．

1 が出たら，（右側の）1＝7－1×6 から上に戻っていきます．後でやってみますが，最終的に 1＝□×132＋○×7 という式に持ち込むのです．□×132＋○×7＝1 が出てくれば，○×7 ≡ 1 (mod 132) となり，7 の逆数（「mod 132 の世界」で $\frac{1}{7}$ に相当する数）は○と判明します．

それでは 1＝7－1×6 の 6 に，その上の式 6＝132－18×7 を代入しましょう．

$$1 = 7 - 1 \times 6$$
$$1 = 7 - 1 \times (132 - 18 \times 7)$$
$$1 = -1 \times 132 + (1 + 18) \times 7$$
$$1 = (-1) \times 132 + 19 \times 7$$

これで (－1)×132＋19×7＝1 という式が出ました．これから 19×7 ≡ 1 (mod 132) となり，「mod 132 の世界」での「7 の逆数」は **19** と判明しました．

もし求まった逆数が正の数でなかったら，たとえば (－113) だったとしたら，(mod 132 の 132 をたして)(－113)＋132＝19 とします．－113 ≡ 19 (mod 132) です．

◆逆数を求めるアルゴリズム

コンピュータは，式変形は得意ではありません．そこでユークリッドの互除法で求まる逆数を，公式にまとめておきましょう．

次ページの a, b $(a > b)$ は正の整数，$0 \leq r < b$ とします．

$$a \div b = q \ \text{余り} \ r$$
$$\Longleftrightarrow \quad a = bq + r \quad [r = a - bq]$$

$$
\begin{aligned}
a \div b &= q_1 &\text{余り } r_1 \\
b \div r_1 &= q_2 &\text{余り } r_2 \\
r_1 \div r_2 &= q_3 &\text{余り } r_3 \\
&\cdots\cdots\cdots \\
r_{n-2} \div r_{n-1} &= q_n &\text{余り } r_n \\
[r_{n-1} \div r_n &= q_{n+1} &\text{余り } 0]
\end{aligned}
$$

$$
\begin{aligned}
r_1 &= a - bq_1 \\
r_2 &= b - r_1 q_2 \\
r_3 &= r_1 - r_2 q_3 \\
&\cdots\cdots\cdots \\
r_n &= r_{n-2} - r_{n-1} q_n
\end{aligned}
$$

　　次の問の q_i と r_i は，このユークリッドの互除法の i 回目の割り算で出た商と余りです.

【問】　r_i を $r_i = x_i a + y_i b$ の形に表したとき，$(i \geqq 2)$

$$x_i \quad \text{を} \quad x_{i-2},\ x_{i-1},\ q_i$$
$$y_i \quad \text{を} \quad y_{i-2},\ y_{i-1},\ q_i$$

を用いて表しましょう.

　　少しばかり順にやってみます.

　　まず $r_1 = a - bq_1$ から $r_1 = 1a + (-q_1)b$ となります.

$$x_1 = 1, \quad y_1 = -q_1$$

　　次に $r_2 = b - r_1 q_2$ から

$$r_2 = b - (x_1 a + y_1 b)q_2 = (-x_1 q_2)a + (1 - y_1 q_2)b$$

となり，$x_2 = -x_1 q_2, \quad y_2 = 1 - y_1 q_2$

その次は $r_3 = r_1 - r_2 q_3$ から

$$r_3 = (x_1 a + y_1 b) - (x_2 a + y_2 b) q_3$$
$$= (x_1 - x_2 q_3) a + (y_1 - y_2 q_3) b$$

となり，$x_3 = x_1 - x_2 q_3$, $y_3 = y_1 - y_2 q_3$

そのまた次は $r_4 = r_2 - r_3 q_4$ から，

$$r_4 = (x_2 a + y_2 b) - (x_3 a + y_3 b) q_4$$
$$= (x_2 - x_3 q_4) a + (y_2 - y_3 q_4) b$$

となり，$x_4 = x_2 - x_3 q_4$, $y_4 = y_2 - y_3 q_4$

そこで，

$$x_{i-1} = x_{i-3} - x_{i-2} q_{i-1}, \quad y_{i-1} = y_{i-3} - y_{i-2} q_{i-1}$$

までは成り立ったとして，x_i, y_i がどうなるかを見てみます．

すると $r_i = r_{i-2} - r_{i-1} q_i$ から，

$$r_i = (x_{i-2} a + y_{i-2} b) - (x_{i-1} a + y_{i-1} b) q_i$$
$$= (x_{i-2} - x_{i-1} q_i) a + (y_{i-2} - y_{i-1} q_i) b$$

となり，

$$\boxed{x_i = x_{i-2} - x_{i-1} q_i, \quad y_i = y_{i-2} - y_{i-1} q_i}$$

結局，x_i, y_i でも成り立ちましたね．

さてこの漸化式で x_i を求めるには x_{i-2} と x_{i-1} の 2 つ，y_i を求めるにも y_{i-2} と y_{i-1} の 2 つが必要です．

こうなると，初期値はそれぞれ 2 つ必要です．

そこで (p64 の) 下記 1 行目の $x_1 = 1$, $y_1 = -q_1$ の他に，$x_0 = 0$, $y_0 = 1$ を初期値として追加します．

$$x_1 = 1, \qquad y_1 = -q_1$$

$$x_2 = -x_1 q_2, \quad y_2 = 1 - y_1 q_2$$

こうすれば（p64 で求めた）上記 2 行目は，次のように（他と同じ形に）なります.

$$x_2 = x_0 - x_1 q_2, \quad y_2 = y_0 - y_1 q_2$$

《 逆数を求める漸化式 》

　「$a \div b$」$(a > b)$ から始まるユークリッドの互除法で，q_i と r_i を i 回目の割り算での商と余りとする.（$r_{n+1} = 0$）

　また，x_i, y_i を次の漸化式で求める.

$$x_i = x_{i-2} - x_{i-1} q_i$$

$$y_i = y_{i-2} - y_{i-1} q_i$$

$$(x_0 = 0, \ x_1 = 1 \ ; \ y_0 = 1, \ y_1 = -q_1)$$

　このとき次が成り立つ.

$$r_i = x_i a + y_i b$$

特に a, b の最大公約数 $(a, b) = r_n$ では

$$\boxed{(a, b) = x_n a + y_n b}$$

　この漸化式を用いて，7 の逆数をもう一度求めてみましょう.

【問】「132 で割った余りの世界」で，7 の逆数を求めましょう.

$a = 132$, $b = 7$ としたときのユークリッドの互除法は，p62 の通りです．

最大公約数 $(132, 7) = 1$ で，余り 1 が出たのは 2 回目の割り算です．

そこで漸化式を用いて， $132x_2 + 7y_2 = 1$ の中の y_2 を求めていきます．

まず（初期値ですが）$y_0 = 1$ で，$132 \div 7 = 18$ 余り 6 から $q_1 = 18$，$y_1 = -q_1 = -18$ です．

次に $7 \div 6 = 1$ 余り 1 から，$q_2 = 1$ で，

$$y_2 = y_0 - y_1 q_2 = 1 - (-18) \times 1 = 19$$

これで 7 の逆数は $\boxed{19}$ と求まりました．正の数で求まったので，これにて終了です．$7 \times 19 \equiv 1 \pmod{132}$ です．

◆ RSA 暗号（1）

先ほどは「mod 132 の世界」で 7 の逆数を見つけました．ちなみに p61 で見たように，$\ell = 132 = 2 \times 2 \times 3 \times 11$ と互いに素でない数には，逆数は存在しません．

132 は小さい数なので，$132 = 2 \times 2 \times 3 \times 11$ と簡単に素因数分解できます．素因数分解ができれば，互いに素な数を見つけるのは簡単なことです．2, 3, 11 を素因数として持たない，つまり 2, 3, 11 で割り切れなければよいのです．

でも素因数分解が分からないと，逆数が存在する数（**RSA 暗号**では**公開鍵**として使用）が見つからないわけではありません．簡単ですよね．適当な数を選んでユークリッドの互除法を行い，もし求まった最大公約数が 1 でなかったら別の数を

当たればよいだけのことです.

　RSA 暗号では, 2 つの (巨大な) 素数 p, q を用います.

　さらに, $(p-1)$ と $(q-1)$ の**最小公倍数** $\ell = (p-1) \times (q-1) \div (p-1, q-1)$ を求め,「$\bmod \ell$ の世界」で逆数が存在する数を 1 つ見つけて**公開鍵**とします. ここで $(p-1, q-1)$ は $(p-1)$ と $(q-1)$ の**最大公約数**で, ユークリッドの互除法で具体的に求まります. 秘密にしておくのは, 素数 p, q と公開鍵の逆数 (**秘密鍵**) です.

　暗号作成者は, 公開鍵 (逆数が存在する数) を 1 つ見つければ, 秘密鍵は (ユークリッドの互除法を用いて) p66 の漸化式から求められます.

　ところが攻撃者は, p, q が分からないので, $\ell = (p-1) \times (q-1) \div (p-1, q-1)$ も分かりません. これでは秘密鍵を見つけようにも, どの「余りの世界」で (公開鍵の逆数を) 探せばよいのか見当もつかないのです.

　RAS 暗号が破られないのは, 大きな素数 p, q をかけ算して $p \times q = n$ の n を公開したところで, その n を $n = p \times q$ と素因数分解して p, q を求めるのは困難なことにあります.

　$n = p \times q$ の p, q は分からない (だろう) から, $\ell = (p-1) \times (q-1) \div (p-1, q-1)$ も分からない (だろう). そうなると,「$\bmod \ell$ の世界」での**公開鍵の逆数** (**秘密鍵**) も求められない (だろう). ……ということは, 秘密鍵を持っている者しか, 暗号文を元に戻せない (だろう) というのが **RSA 暗号**のカラクリなのです.

◆ RSA 暗号（2）

大きな**素数**を見つけたことがありますか．RSA 暗号では，まずは 2 つの巨大な素数 *p, q* が必要となります．

じつは大きな素数を見つけること自体，コンピュータをもってしても困難なことなのです．スタートから，いきなり壁が立ちはだかりましたね．

そこで実際には，「100 パーセント確実に素数」と証明された数ではなく，<u>確率的にほぼ素数であろうという数</u>を用います．

「素数ならば，どんな *a* に対しても式□□をみたす」（p74 参照）という場合，（p75 のように**対偶**をとれば）「ある *a* に対して式□□をみたさなかったら，それは素数ではない（合成数である）」ということになります．

ある *a* でやってみたら式□□をみたさなかった……という場合は，確実に素数ではないので別の数を当たります．

ある *a* でやってみたら式□□をみたした……という場合は，じつは何の結論も出ません．合成数である可能性も，素数である可能性も残されたままです．この場合は *a* をかえて何回かテストしてみます．毎回クリアしたら（毎回合成数とは判断されなかった運のよさに免じて）素数とみなすのです．

例として，（小さいですが）2 つの素数 $p = 13$ と $q = 23$ を見つけ出したことにします．

公開するのは，$n = pq = 13 \times 23 = 299$ の $n = 299$ と公開鍵 *e* です．公開鍵 *e* は，「mod ℓ の世界」で逆数が存在する数（の中のどれか 1 つ）です．<u>ℓ は $(p-1)$ と $(q-1)$ の**最小公倍数**</u>で，今の場合 $\ell = 132$ です．

p62 では，「mod 132 の世界」で逆数が存在する数 7 を見つ

けました．7×19 ≡ 1 (mod 132) で，7 の逆数は 19 です．つまり公開鍵 $e = 7$ のとき，秘密鍵 $d = 19$ です．

公開鍵 e を（$e = 7$ の他に）探してみましょう．

それには適当な数を選んで，$\ell = 132$ とユークリッドの互除法をやってみるだけです．ユークリッドの互除法で<u>余りに 1 が出てきたら，そこで終了します</u>．最大公約数は 1 で，みごと探し当てました．<u>余りに 1 が出ないまま，ついに余りが 0 となったら，やはり終了します</u>．最大公約数は（最後に割った数であって）1 ではありません．逆数は存在せず，公開鍵には使えません．この場合は，他の数を当たることにします．心配いりません．$\ell = 132$ の素因数は限られていて，そのうち必ず見つかります．

じつはユークリッドの互除法を行わなくても，公開鍵 e は見つかります．たとえば $e = 5$ です．ここで（あらかじめ）5 が素数だと分かっていることが重要です．素数 5 の約数は 1 と 5 しかないので，132 と 5 の公約数の可能性も 1 と 5 しかありえません．そこで 132 を 5 で割ってみると，余りが 0 でないので（公約数 5 の可能性は消え）公約数は 1 だけと判明します．もちろん最大公約数も 1 です．(132, 5) = 1 です．

> 【問】「mod 132 の世界」で，5 の逆数を求めましょう．

最大公約数 (132, 5) = 1 なので，余り 1 がユークリッドの互除法で出てくるはずです．さて余り 1 は何回目の割り算で出てくるのでしょうか．ユークリッドの互除法を見てみましょう．

$$132 \div 5 = 26 \quad \text{余り} \quad 2$$
$$5 \div 2 = 2 \quad \text{余り} \quad 1$$

2回目の割り算で余り1が出てきました．そこでp66の漸化式を用いて，$132x_2 + 5y_2 = 1$ の中の y_2 を求めます．

まず（初期値は）$y_0 = 1$ で，$132 \div 5 = 26$ 余り2から $q_1 = 26$ で，$y_1 = -q_1 = -26$ です．

次に $5 \div 2 = 2$ 余り1から，$q_2 = 2$ で，

$$y_2 = y_0 - y_1 q_2 = 1 - (-26) \times 2 = 53$$

となり，5の逆数は $\boxed{53}$ と求まりました．正の数で求まったので，これにて終了です．$5 \times 53 \equiv 1 \pmod{132}$ です．

（公開鍵 $e = 5$ のとき，秘密鍵 $d = 53$ です．）

◆互いに素

（RSA暗号の話から離れて）2つの数が**互いに素**かどうかに焦点を当ててみましょう．じつは後の章で，分数 $\dfrac{b}{a}$ が既約分数であるかどうかが問題になるので，その準備というわけです．

ちなみに既約分数 $\dfrac{b}{a}$ の a と b は互いに素です．分子と分母の両方を割り切る数（公約数）で割れるだけ割って（つまりは最大公約数で割って）あるので，a と b の両方を割り切る数は1しかありません．つまり，a と b の最大公約数は1です．$(a, b) = 1$ です．

さて，2 つの数が**互いに素**かどうかでしたね．

つまらない例では，2 つの数の片方が 1 なら互いに素です．

$$3 と 1 は互いに素$$

$$4 と 1 は互いに素$$

$$a と 1 は互いに素$$

分数でいうと，$\dfrac{1}{3}$ や $\dfrac{1}{4}$ や $\dfrac{1}{a}$ は既約分数です．

少しだけマシな例では，連続した 2 数は互いに素です．「大きい方から小さい方を引いてみよう！」の結果は 1 で，後は 1 の約数を考えればよいからです．

$$3-2=1 \quad \leftarrow \quad 3 と 2 は互いに素$$

$$4-3=1 \quad \leftarrow \quad 4 と 3 は互いに素$$

$$a-(a-1)=1 \quad \leftarrow \quad a と (a-1) は互いに素$$

分数でいうと，$\dfrac{2}{3}$ や $\dfrac{3}{4}$ や $\dfrac{a-1}{a}$ は既約分数です．

今度は重要な例です．a と b が

$$xa+yb=1 \quad （x,\ y は整数）$$

という式をみたしていたら，a と b は互いに素，つまり a と b の最大公約数は 1 です．a と b を割り切る数（公約数）は，（右辺の）1 も割り切ることになるからです．

これまでユークリッドの互除法を見てきました．そこで分かったことは，この逆もいえるということです．

a と b が**互いに素**，つまり a と b の最大公約数が 1 なら，$xa+yb=1$ をみたす整数 x と y が存在するのです．しかも単に存在するという話ではなく，その計算手順（アルゴリズム）

があるのです.

$$\boxed{\begin{array}{c} a \text{ と } b \text{ の最大公約数が } 1 \\ (a \text{ と } b \text{ は互いに素}) \end{array}} \Leftrightarrow \boxed{\begin{array}{c} xa + yb = 1 \text{ をみたす} \\ \text{整数 } x \text{ と } y \text{ が存在する} \end{array}}$$

ちなみに上記の x と y は,(負も含めた)整数です.

ここで分数の話に戻ります.

《「隣り合う分数」と「既約分数」》

分数 $\dfrac{b}{a}$ と $\dfrac{d}{c}$ が隣り合っているとき $(ad - bc = \pm 1)$,

分数 $\dfrac{b}{a}$ や $\dfrac{d}{c}$ は既約分数である.

もちろん,この逆はいえません.分数 $\dfrac{1}{4}$ も $\dfrac{1}{2}$ も既約分数

ですが,$4 \times 1 - 1 \times 2 = 2$ となって隣り合っていません.

さて $ad - bc = \pm 1$ は,(わざわざ書きかえるほどではありま

せんが)次のようになっています.

$$da + (-c)b = 1, \quad (-d)a + cb = 1$$
$$(-b)c + ad = 1, \quad bc + (-a)d = 1$$

つまり $\dfrac{b}{a}$ や $\dfrac{d}{c}$ は既約分数です.

もっとも(ユークリッドの互除法をやった後でなくても),

こんなことはすぐに分かったことですが…….

● コラム ●
フェルマーの小定理とミラー – ラビン素数判定法

　確率的に**素数**と見なされるには，（厳しい）テストに何回も
パスしなければなりません．

　古くから知られているものに，次の**フェルマーの小定理**を
利用したフェルマーテストがあります．

《フェルマーの小定理》

　奇数 p が素数ならば，

p と互いに素なすべての a に対して $a^{p-1} \equiv 1 \pmod{p}$

---

　p で割った余りが問題なので，すべての a といっても，実
質的には $1 < a < p$ です．ちなみに $a = p\ (\equiv 0)$ は p と互いに
素ではなく，$a = 1$ のときは明らかです．

　フェルマーの小定理は，（a が p と互いに素でない，$a \equiv 0$
$\pmod{p}$ を含めた）次の形で用いられることもあります．

《フェルマーの小定理》

　奇数 p が素数ならば，

すべての a に対して $a^p \equiv a \pmod{p}$

　　フェルマーテストは，フェルマーの小定理の**対偶**です．

　「$p \Rightarrow q$」（p ならば q）の対偶は「$\overline{q} \Rightarrow \overline{p}$」（$q$ でないならば p で
ない）です．元の命題「$p \Rightarrow q$」とその対偶「$\overline{q} \Rightarrow \overline{p}$」は，真偽
が一致します．

　《フェルマーテスト》

　　奇数 n と互いに素な，ある a に対して
　　$a^{n-1} \not\equiv 1 \pmod{n}$ ならば，n は素数ではない（合成数で
　ある）

　　ある a は，$1 < a < n$ の中から選びます．a が奇数 n と互い
に素か否かは，ユークリッドの互除法で調べます．互いに素
でなかったら，そもそも n は素数ではありません．（たまたま
選んだ a で，運よく）「$a^{n-1} \not\equiv 1 \pmod{n}$」となったら，「$n$ は素
数ではない（合成数である）」と判明するのです．

　　つまり，フェルマーテストは「合成数の判定法」です．

　　たとえば，91 が素数かどうかを知りたいとします．

　　（$91 = 100 - 9 = 10^2 - 3^2 = (10+3)(10-3) = 13 \times 7$ から，　す
ぐに素数でないと気づくかもしれませんが……．）

　　まずは $a = 2$ として，（合成数かどうか）テストしてみます．
$2^{91-1} \not\equiv 1 \pmod{91}$ が成り立ったら合成数です．

　　2^{91-1} といった**べき乗**（**累乗**）の計算法は，p 184 を参考にし
てください．

　　計算結果は，$2^{91-1} \equiv 64 \not\equiv 1 \pmod{91}$ となり，91 は素数で

はないと判明します.

この先の計算は,（p 184 をやる前の）参考程度のものです.

じつは 2 の**累乗**（べき乗）は,（コンピュータ関連では）よく知られています.

$$2^0 = 1, \quad 2^1 = 2, \quad 2^2 = 4, \quad 2^3 = 8, \quad 2^4 = 16$$
$$2^5 = 32, \quad 2^6 = 64, \quad 2^7 = 128, \quad 2^8 = 256, \quad 2^9 = 512$$

この次の $2^{10}(= 2^5 \times 2^5 = 32 \times 32) = 1024$ は特に有名で, **キロ**（1000）の代わりに用いられています. 1 キロバイトは 1000 バイトではなく, 正確には 1024 バイトです.（**バイト**に関してはp 171 参照）

それでは（$2^{91-1} = 2^{90}$ ではなく）, まずは 2^{12} を見てみましょう.（2^{10} を 4 倍した方が早いですが, 参考までに…….）

$$\begin{aligned}
2^{12} &= 2^2 \times 2^{10} \\
&= 2^2 \times 1024 \\
&= 2^2 \times 1000 + 2^2 \times 20 + 2^2 \times 4 \\
&= 2^2 \times 1000 + 2^3 \times 10 + 2^4 \\
&= 4000 + 80 + 16 \\
&= 4096
\end{aligned}$$

一方で, $91 \times 11 = 91 \times (10+1) = 910 + 91 = \mathbf{1001}$ もそれなりに有名で, これより $91 \times 44 = 4004$ です. この 4004 に 91 をたすと 4095（$91 \times 45 = 4095$）となり,（うまい具合に）4096 より 1 小さくなっています.

結局のところ, $2^{12} = 4096 \equiv 1 \ (\mathrm{mod}\ 91)$ です.

問題にしていたのは, $2^{91-1} \not\equiv 1 \ (\mathrm{mod}\ 91)$ かどうかでした

ね. $2^{12} \equiv 1 \pmod{91}$ を用いると，次のようになります.

$$2^{91-1} = 2^{90} = 2^{12 \times 7 + 6} = (2^{12})^7 \times 2^6$$
$$\equiv (1)^7 \times 64$$
$$= 64 \not\equiv 1 \pmod{91}$$

　$a^{91-1} \not\equiv 1 \pmod{91}$ となる a が，（運よく）$a = 2$ と見つかったので，91 は素数ではない（合成数である）ことが判明しました.

　気をつけないといけないのは，フェルマーテストでは素数は見つからないということです. たとえ n と互いに素なすべての $a\ (1 < a < n)$ に対して $a^{n-1} \equiv 1 \pmod{n}$ でも，奇数 n は素数とは限らないのです. そのような数は**カーマイケル数**と呼ばれていて，無数に存在することが知られています. 最小のカーマイケル数は $561 = 3 \times 11 \times 17$ です.

　561 がカーマイケル数であることは，$560 = 2 \times 280 = 10 \times 56 = 16 \times 35$ から次のように分かります. $561 = 3 \times 11 \times 17$ と互いに素なすべての a に対して，フェルマーの小定理から

$$a^{560} = (a^{280})^2 \equiv 1 \pmod{3}$$
$$a^{560} = (a^{56})^{10} \equiv 1 \pmod{11}$$
$$a^{560} = (a^{35})^{16} \equiv 1 \pmod{17}$$

となり，$a^{560} - 1$ が 3 でも 11 でも 17 でも割り切れることから，$3 \times 11 \times 17 = 561$ でも割り切れて，$a^{560} - 1 \equiv 0$ つまり $a^{561-1} \equiv 1 \pmod{561}$ となるのです.

　さてフェルマーの小定理は，（よく知られている）次の事実を用いると簡単に証明できます. ここで，m, n は自然数です.

$$p \text{ が素数} \implies (m+n)^p \equiv m^p + n^p \pmod{p}$$

上の式を示すには，$(m+n)^p$ を展開するだけです．

$$(m+n)^p = m^p + pm^{p-1}n + \frac{p(p-1)}{2 \cdot 1}m^{p-2}n^2 + \cdots\cdots$$

$$\cdots\cdots + {}_pC_k m^{p-k}n^k + \cdots\cdots + pm^1 n^{p-1} + n^p$$

ここで，${}_pC_k = \dfrac{p(p-1)\cdots(p-k+1)}{k(k-1)\cdots 2 \cdot 1}$ は（次に見るように）p の倍数となっています．p が素数である以上，p より小さい $k,(k-1),\cdots,2$ とは約分されないため，（約分しても）分子の $\boldsymbol{p}$ は残ることから，p で割り切れるのです．

初項の m^p と末項の n^p の他は，p で割った余りが 0 なので，$(m+n)^p \equiv m^p + n^p \pmod{p}$ となります．

この式を用いると，順に次のようになってきます．

$$a^p = (1+a-1)^p \equiv 1^p + (a-1)^p$$
$$\equiv 1 + 1 + (a-2)^p$$
$$\cdots\cdots\cdots\cdots$$
$$\equiv 1 + 1 + \cdots + 1$$
$$\equiv a \pmod{p}$$

「$a^p \equiv a \pmod{p}$」となり，これで p74 のフェルマーの小定理の"下の方"が示されました．

フェルマーの小定理（a が p と互いに素な場合）を示すには，さらに続けます．

この $a^p \equiv a$ より $a(a^{p-1}-1) \equiv 0 \pmod{p}$ となることから，$a(a^{p-1}-1)$ が p で割り切れます．ここで p は素数なので，a または $(a^{p-1}-1)$ が p で割り切れます．（素数でなければ $p = uv$ の $u\,(>1)$ が a を割り，$v\,(>1)$ が $(a^{p-1}-1)$ を割るという事態が生じます．）ところが a は p と互いに素なので，結局 $(a^{p-1}-1)$ が p で割り切れて，$a^{p-1} \equiv 1 \pmod{p}$ となります．

フェルマーテストを改良したのが，**ミラー - ラビン素数判定法**です．（参考文献 [2] p 60 参照）

まずフェルマーの小定理は，次の通りでした．

「奇数 p が素数ならば，p と互いに素なすべての a に対して $a^{p-1} \equiv 1 \pmod{p}$」

p は奇数なので，$a^{p-1} \equiv 1$ は $\left(a^{\frac{p-1}{2}}\right)^2 \equiv 1 \pmod{p}$ です．

ここで（一般的に），$x^2 \equiv 1 \pmod{p}$ を見てみます．

$x^2 \equiv 1$ より $(x-1)(x+1) \equiv 0 \pmod{p}$ となり，$(x-1)(x+1)$ が p で割り切れます．ところが p は奇素数なので，$(x-1)$ と $(x+1)$ のどちらか一方（だけ）が p で割り切れます．（両方だと，$(x+1)-(x-1)=2$ も p で割り切れてしまうからです．）つまり「$x \equiv 1$ または $x \equiv -1 \pmod{p}$」です．

奇数 p が素数ならば，

$x^2 \equiv 1$ のときは「$x \equiv 1$ または $x \equiv -1$」（$\bmod p$ を省略）

このことから，（対偶を取ると）次のことがいえます．

> 　奇数 n が，ある x に対して
> $x^2 \equiv 1$ なのに「$x \not\equiv 1$ かつ $x \not\equiv -1$」（$\bmod n$ を省略）
> ならば，n は素数ではない（合成数である）

　たとえば奇数 91 は 27 に対して，　$27^2 \equiv 1 \pmod{91}$ なのに $27 \not\equiv 1$ かつ $27 \not\equiv -1 \pmod{91}$ です．このことから，91 は合成数（素数ではない）と分かります．

　いよいよ**ミラー－ラビン素数判定法**へと進んでいきます．

　まずフェルマーの小定理の「$(a^{\frac{p-1}{2}})^2 \equiv 1 \pmod{p}$」は，「$a^{\frac{p-1}{2}} \equiv 1$ または $a^{\frac{p-1}{2}} \equiv -1$」となります．

　ここでもし $\dfrac{p-1}{2}$ がまだ 2 で割り切れるなら，$a^{\frac{p-1}{2}} \equiv 1$ の方を $(a^{\frac{p-1}{4}})^2 \equiv 1$ とします．

　すると，「$a^{\frac{p-1}{4}} \equiv 1$ または $a^{\frac{p-1}{4}} \equiv -1$ または $a^{\frac{p-1}{2}} \equiv -1$」となってきます．

　これを（2 で割り切れなくなるまで）続けていくと，次のようになります．ここでもすべての a は実質的に $1 < a < p$ です．

> 　奇数 p が素数ならば，$p-1 \equiv 2^k m$（m は奇数）と置いたとき，p と互いに素なすべての a に対して
> 「$a^m \equiv 1$」または「ある i $(0 \leq i < k)$ で $a^{2^i m} \equiv -1$」
> （$\bmod p$ を省略）

　このとき $(a^{2^i m} \equiv -1 \text{ の})$ $2^i m$ $(0 \leqq i < k)$ は，$p-1 \equiv 2^k m$ を 2 で割っていった $\dfrac{p-1}{2^j} = \dfrac{2^k m}{2^j} = 2^{(k-j)} m$ $(1 \leqq j \leqq k)$ において，$k-j=i$ と置いたものです．

　そのときの i の範囲は，$(1 \leqq j \leqq k) \longrightarrow (-1 \geqq -j \geqq -k) \longrightarrow (k-1 \geqq k-j \geqq k-k) \longrightarrow (k > i \geqq 0)$ となってきます．

　この対偶を用いたのが，**ミラー－ラビン素数判定法**です．

　　奇数 n で，$n-1 \equiv 2^k m$ (m は奇数) と置いたとき，n と互いに素な，ある a に対して（以下 $\bmod n$ を省略）「$a^m \not\equiv 1$」かつ「すべての i $(0 \leqq i < k)$ で $a^{2^i m} \not\equiv -1$」ならば，n は素数ではない（合成数である）

　ここでもある a は，$1 < a < n$ で選びます．a が奇数 n と互いに素か否かは，ユークリッドの互除法で調べます．互いに素でなかったら，そもそも n は素数ではありません．（たまたま選んだ a で，運よく）上のテストを通過したら，合成数である（素数ではない）ことが判明するのです．

　もっとも，（適当に選んだ）奇数 n が素数かも知れないと（期待して），いきなりテストするのは考えものです．たいていは，（テストするまでもなく）小さな素数で割り切れてしまうからです．

　そこで，まずは小さな素数（の積）とは互いに素だと確認してから，その後でテストするのが一般的です．

　あらかじめ（適当な）有限個の素数の積 $P = \prod p_i$ $(p_1 = 3,\ p_2 = 5,\ p_3 = 7,\ \cdots)$ を用意しておき，この P と互いに素である数にしぼって，**ミラー – ラビン素数判定法**を適用します．

　それでは大まかな流れを見ていきましょう．

[**Step 0**]　（**乱数**などで，これから調べる）奇数 n を選ぶ．

[**Step 1**]　ユークリッドの互除法を用いて，n と（用意した）P の最大公約数を求める．最大公約数が 1 でないときは，n は素数でないと判定する．【終了】
　　　　　（判定法以前に n は合成数ということです．）

[**Step 2**]　（[Step 1] を通過したので，**ミラー – ラビン素数判定法**を用いる準備をします．）

　　　　　$(n-1)$ を 2 で割っていき，割った回数 k と，（2 で割れずに）残った奇数 m を求める．
$$n - 1 = 2^k m \quad (m \text{ は奇数})$$

[**Step 3**]　（乱数などで）$1 < a < n$ である数 a を選ぶ．

[**Step 4**]　（ユークリッドの互除法で）n と a の最大公約数を求める．最大公約数が 1 でないときは，n は素数でないと判定する．【終了】
　　　　　（判定法以前に n は合成数ということです．）

[**Step 5**]　（[Step 4] を通過したということは, a は n と互いに素なので, いよいよ**ミラー－ラビン素数判定法**を用います.）

a^m を n で割った余りを求めて, A とする.
$$A = a^m \ (\mathrm{mod}\, n)$$
（コンピュータ関連では, $\mathrm{mod}\, n$ で（両辺の余りが等しいだけでなく）余りそのものを指すことが多い.）

[**Step 6**]　「$A \equiv 1$ または $A \equiv -1 \ (\mathrm{mod}\, n)$」つまり「$A = 1$ または $A = n-1$」のとき, <u>a を用いた限りでは（合成数とは判定されず）ほぼ素数とみなす</u>.【終了】

　素数である確率を上げたい場合は,（あらかじめ戻る回数を決めておき）[Step 3] に戻って a を選び直す.

[**Step 7**]　（[Step 6] を通過したということは,「$A \not\equiv 1$ かつ $A \not\equiv -1 \ (\mathrm{mod}\, n)$」なので, さらに「すべての $i \ (0 \le i < k)$ で $a^{2^i m} \not\equiv -1$」となって合成数と判定されるかを見ていきます.）

　まず $i = 1$ とする.（$i = 0$ は, [Step 6] を通過した段階で調べたことになる.）

〈**ループ**〉

A^2 を n で割った余りを求めて，改めて A とする．

⇒ $A \equiv -1 \pmod{n}$ つまり $A = n-1$ のとき，a を用いた限りでは（合成数とは判定されず）ほぼ素数とみなす．　　　　　　　　　　【終了】

素数である確率を上げたい場合は，（あらかじめ戻る回数を決めておき）[Step 3] に戻って a を選び直す．

⇒ $A \not\equiv -1 \pmod{n}$ つまり $A \neq n-1$ のとき，i の値を 1 増やし，それでも $i < k$ ならば〈**ループ**〉の最初に戻る．

(**注**：$(a^m)^2 = a^{2m}$, $(a^{2m})^2 = a^{4m} = a^{2^2 m}$, …)

[**Step 8**]　（[Step 7] を通過したということは，「$a^m \not\equiv 1$」かつ「すべての i $(0 \leq i < k)$ で $a^{2^i m} \not\equiv -1$」である．）

n は素数でない（合成数である）と判定する．　　　　　　　　　　【終了】

第 2 章

ファレイ数列とフォードの円

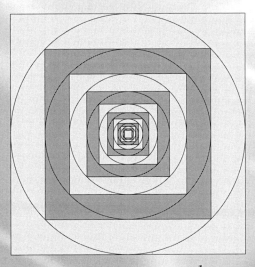

$$\frac{1}{3}$$

3節 ファレイ数列の本来の作り方

◆ファレイ数列とは

　これから，分数が1列に並んだ**ファレイ数列**を見ていきましょう．じつはこの数列は，素数か否かを判定したり，素因数分解したりするのに役立つのです．つまりは暗号に関わってくるのです．

　だからといって，特別な分数を並べるわけではありません．何でもない普通の分数を，誰もが思いつくような順序に並べるだけです．"お受験"の学習塾で取り上げられても，不思議ではないような数列です．

　さて**ファレイ**という人物ですが，地質学者として紹介されている文献もあるほどで，数学者であったかどうかさえ定かではありません．

　よくある話ですが，今日ファレイの名を冠して呼ばれる数列を，最初に発見したわけでもなさそうです．1802年に

Haros により，発見・証明されたと述べている書籍もあります．（参考文献 [3] の注釈 $p\,47$）

ファレイは 1816 年に，その数列の項の"ある関係"を発見しました．でも証明をつけずに発表したのです．後に有名な数学者**コーシー**が，ファレイ数列と呼んで"その関係"を証明したことから，この呼称が広まったようです．

それではファレイ数列がどのようなものか，見ていくことにしましょう．

まず，分母が 4 の（0 以上 1 以下の）分数を見てみます．

$$\frac{0}{4}, \frac{1}{4}, \frac{2}{4}, \frac{3}{4}, \frac{4}{4}$$

この中で，約分しても分母が 4 のままの分数は，次の 2 つです．

$$\frac{1}{4}, \frac{3}{4}$$

これらは分子と分母が**互いに素**，つまり最大公約数が 1 の（既に約分した）**既約分数**です．ちなみに既約分数か否かは（素因数分解が困難でも）**ユークリッドの互除法**で確かめられます．ユークリッドの互除法で分子と分母の最大公約数を求めたとき，それが 1 なら既約分数です．

今度は，分母が 4 以下の（0 以上 1 以下の）既約分数を見てみましょう．分母が小さい順に並べると，次の通りです．

$$\frac{0}{1}, \frac{1}{1}, \frac{1}{2}, \frac{1}{3}, \frac{2}{3}, \frac{1}{4}, \frac{3}{4}$$

特別に選ばれたわけではない，ごく普通の分数ですよね．

次に，これらの分数を小さい順に並べかえます．小数で近似すると比べやすいですね．

$$0, \ 1, \ 0.5, \ 0.33, \ 0.66, \ 0.25, \ 0.75$$

並べかえた結果は，次の通りです．

$$\frac{0}{1}, \ \frac{1}{4}, \ \frac{1}{3}, \ \frac{1}{2}, \ \frac{2}{3}, \ \frac{3}{4}, \ \frac{1}{1}$$

じつは，これが（4 番目の）ファレイ数列です．誰もが思いつくような，ごくごく普通の数列です．

n 番目のファレイ数列 F_n は，分母が n 以下の（0 以上 1 以下の）既約分数を小さい順に並べた数列です．この先で単に**ファレイ数列**と記した場合は，（n 番目が省略された）何番目かのファレイ数列とします．

さて一般的にやろうとすると，小数で近似して大小を比べるというわけにもいきません．

そういう場合は，問題を置きかえるのです．p 19 で見たように，分数を（分母と分子にバラして）座標平面に取ります．こうすることで分数は，原点と結んだ直線の傾きに置きかわります．小数の近似値ではなく，直線の傾きで比べるというわけです．

4 番目のファレイ数列 F_4 だと，次のような図になります．

下図の三角形の中の**格子点**を原点と結び，その傾きが小さい順に並べるのです．格子点というのは，x 座標も y 座標も整数となっている点のことです．

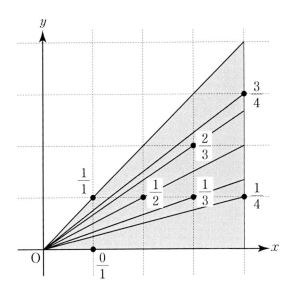

ここで，5番目までのファレイ数列を求めておきましょう．

【問】 次の既約分数を，小さい順に並べましょう．

(1) $\dfrac{0}{1}$, $\dfrac{1}{1}$

(2) $\dfrac{0}{1}$, $\dfrac{1}{1}$, $\dfrac{1}{2}$

(3) $\dfrac{0}{1}$, $\dfrac{1}{1}$, $\dfrac{1}{2}$, $\dfrac{1}{3}$, $\dfrac{2}{3}$

(4) $\dfrac{0}{1}$, $\dfrac{1}{1}$, $\dfrac{1}{2}$, $\dfrac{1}{3}$, $\dfrac{2}{3}$, $\dfrac{1}{4}$, $\dfrac{3}{4}$

(5) $\dfrac{0}{1}$, $\dfrac{1}{1}$, $\dfrac{1}{2}$, $\dfrac{1}{3}$, $\dfrac{2}{3}$, $\dfrac{1}{4}$, $\dfrac{3}{4}$, $\dfrac{1}{5}$, $\dfrac{2}{5}$, $\dfrac{3}{5}$, $\dfrac{4}{5}$

結果は，次の通りです.

(1) $\dfrac{0}{1}, \dfrac{1}{1}$　←F_1

(2) $\dfrac{0}{1}, \dfrac{1}{2}, \dfrac{1}{1}$　←F_2

(3) $\dfrac{0}{1}, \dfrac{1}{3}, \dfrac{1}{2}, \dfrac{2}{3}, \dfrac{1}{1}$　←F_3

(4) $\dfrac{0}{1}, \dfrac{1}{4}, \dfrac{1}{3}, \dfrac{1}{2}, \dfrac{2}{3}, \dfrac{3}{4}, \dfrac{1}{1}$　←F_4

(5) $\dfrac{0}{1}, \dfrac{1}{5}, \dfrac{1}{4}, \dfrac{1}{3}, \dfrac{2}{5}, \dfrac{1}{2}, \dfrac{3}{5}, \dfrac{2}{3}, \dfrac{3}{4}, \dfrac{4}{5}, \dfrac{1}{1}$　←F_5

◆ファレイ数列の性質 (1)

　新たに加わってくる既約分数には，どうも規則性がありそうですね. $\dfrac{1}{2}$ を中心として，左右対称に現れてきます. さらにその分子は，左右をたすと分母になるのが見て取れます.

$$\dfrac{0}{1}, \dfrac{\boxed{1}}{5}, \dfrac{1}{4}, \dfrac{1}{3}, \dfrac{\boxed{2}}{5}, \boxed{\dfrac{1}{2}}, \dfrac{\boxed{3}}{5}, \dfrac{2}{3}, \dfrac{3}{4}, \dfrac{\boxed{4}}{5}, \dfrac{1}{1}$$

【問】 $\dfrac{b}{a}$ が既約分数のとき，$\dfrac{a-b}{a}$ も既約分数であることを示しましょう.

「ファレイ数列に $\dfrac{b}{a}$ が現れたら，$\dfrac{a-b}{a}$ も現れる」という

ことですね．ちなみに，これらの真ん中は $\frac{\frac{b}{a}+\frac{a-b}{a}}{2}=\frac{1}{2}$ です．

さて（約分する際の）a と b を共通に割り切る数（公約数）は，「大きい方から小さい方を引いてみよう！」で見てきたように，$a-b$ も割り切ります．つまり，a と $a-b$ を割り切る数（公約数）にもなっています．その逆もいえます．a と $a-b$ を割り切る数（公約数）は，$a-(a-b)=b$ も割り切るのです．

つまり，$\frac{b}{a}$ が既約分数のときは $\frac{a-b}{a}$ も既約分数です．

このことを，この先で**項数**を数えるときに用います．ファレイ数列は，左右対称に項が追加されていくので，真ん中の $\frac{1}{2}$ まで数えればよいのです．

$\frac{1}{2}$ の分母の「2」は，p11 の "**数列**" の末項です．

p11 の「"**数列**" による素数判定」では，"**数列**" の中に現れる p の個数を m としたとき，これを 2 倍して $2m$ としました．2 倍した理由も見当がつきましたね．（もっとも，気になるのは $2m$ の正体ですよね．）

それではファレイ数列の項数に着目してみましょう．

1 番目のファレイ数列は，$\frac{0}{1}$, $\frac{1}{1}$ の 2 個です．

2 番目のファレイ数列は，$\frac{1}{2}$ の 1 個（だけ）が加わり 3 個です．

3 番目のファレイ数列からは，（それまでの個数に）$\frac{b}{a}$ と $\frac{a-b}{a}$ の 2 個ずつが何組か加わって，奇数個となってきます．

　ファレイ数列の項数は，1番目の2個だけが例外で，他はすべて奇数個です.

◆ファレイ数列の性質 (2)

　ファレイ数列で1番目だけが例外となっていることに，こんなこともあります.

　1番目の $\dfrac{0}{1}$, $\dfrac{1}{1}$ は，分母が1の項が並んでいます.

　でも他の n 番目では，並んでいるどの2項の分母も異なっていますね.

【問】　2番目以降のファレイ数列では，並んだ2項の分母が，どれも異なっていることを示しましょう.

　分母 a $(a \geqq 2)$ の分数が，$\dfrac{b}{a}$, $\dfrac{d}{a}$ と2つ並んだとします.

　まず，この順に並んでいるからには，$b+1 \leqq d < a$ です.

　すると，じつは $\dfrac{b}{a} < \dfrac{b}{a-1} < \dfrac{b+1}{a} \leqq \dfrac{d}{a}$ となってきます.

　上の不等式の真ん中の $\dfrac{b}{a-1} < \dfrac{b+1}{a}$ を示す際には，$(b+1 \leqq d < a$ の) $b+1 < a$ を用います.

$$(a-1)(b+1) - ab = a - (b+1) > 0$$

となっているのです.

さて $\dfrac{b}{a} < \dfrac{b}{a-1} < \dfrac{d}{a}$ ということは,（必要なら約分すれば）

$\dfrac{b}{a-1}$ が,（分母が a より小さく, 約分すればさらに小さくなることから）同じ数列の中にあって, しかも並んでいたはずの

$\dfrac{b}{a}, \dfrac{d}{a}$ の間にあります. これって, おかしいですよね. ……

ということは, そもそも分母 a の分数が $\dfrac{b}{a}, \dfrac{d}{a}$ と2つ並んでいたはずはない, ということです.

◆ファレイ数列の性質（3）

1番目のファレイ数列 $\dfrac{0}{1}, \dfrac{1}{1}$ は, 第1章で見かけましたね. そうです. 隣り合った分数です.

$$\dfrac{0}{1} \diagdown \dfrac{1}{1} \quad \longleftarrow \quad 1 \times 1 - 0 \times 1 = 1$$

ちなみに「**並ぶ**」は数列の中の状態で,「**隣り合う**」は数列とは無関係です.

2番目のファレイ数列 $\dfrac{0}{1}, \dfrac{1}{2}, \dfrac{1}{1}$ も,（p 28 で見たように）

$$\dfrac{0}{1} \diagdown \dfrac{1}{2} \quad \longleftarrow \quad 1 \times 1 - 0 \times 2 = 1$$

$$\dfrac{1}{2} \diagdown \dfrac{1}{1} \quad \longleftarrow \quad 2 \times 1 - 1 \times 1 = 1$$

並んだ項どうしが, やはり隣り合っています.

　3 番目のファレイ数列 $\dfrac{0}{1}$, $\dfrac{1}{3}$, $\dfrac{1}{2}$, $\dfrac{2}{3}$, $\dfrac{1}{1}$ も, ($\dfrac{1}{3}$ と $\dfrac{1}{2}$, $\dfrac{1}{2}$ と

$\dfrac{2}{3}$ は p28, p29 で見ましたが) どれも隣り合っています.

$$\frac{0}{1} \quad \frac{1}{3} \quad \frac{1}{2} \quad \frac{2}{3} \quad \frac{1}{1}$$

じつは, 一般に次が成り立ちます.

《並んだ 2 項の関係》

　ファレイ数列で $\dfrac{b}{a}$ と $\dfrac{d}{c}$ $\left(\dfrac{b}{a} < \dfrac{d}{c} \right)$ が並んでいるとき,

$\dfrac{b}{a}$ と $\dfrac{d}{c}$ は隣り合った分数 $(ad - bc = 1)$ である.

　この関係は, 1802 年に **Haros** により, 発見・証明されていたとのことです. (参考文献 [3] の注釈 p47)

　さっそく, この性質を見ていくことにしましょう. ちなみに n 番目のファレイ数列 F_n は, <u>分母が n 以下の既約分数を小さい順に並べたもの</u>です. これが**本来のファレイ数列**の作り方です.

　それでは分数 $\dfrac{b}{a}$ と $\dfrac{d}{c}$ を (分母と分子にバラして) 座標平面に取り, 原点と結んだ直線の傾きを見てみることにしましょう. ちなみに約分する前の分数は, 既約分数と同じ直線上にあります.

（下図では，$A(a, b)$，$B(c, d)$ としています）

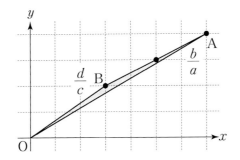

さて n 番目のファレイ数列 F_n で，$\dfrac{b}{a}$ と $\dfrac{d}{c}$ が（この順で）並んでいるかどうかは，（図の中の）何を見ればよいのでしょうか．

じつは，$\triangle \mathrm{OAB}$ の（内部や辺上の）格子点を見るのです．**格子点**というのは，$\mathrm{P}(x, y)$（x，y は整数）という点です．

ちなみに辺上の点ですが，ファレイ数列の項 $\dfrac{b}{a}$ や $\dfrac{d}{c}$ は既約分数なので，辺 OA と辺 OB 上には（点 O，点 A，点 B の他に）格子点はありません．辺上で問題となるのは，辺 AB だけです．

さて，$\triangle \mathrm{OAB}$ の内部や辺上に（点 O，点 A，点 B の他に）格子点 $\mathrm{P}(x, y)$ があるとしたら，まず $x \leqq n$ です．

$\dfrac{y}{x}$ を約分して座標平面に取っても，△ OAB の内部や辺上

にあるので，最初から $\dfrac{y}{x}$ は既約分数とします．もちろん約分

しても $x \leqq n$ です．つまり，$\dfrac{y}{x}$ は n 番目のファレイ数列の中

に入っています．

　しかも直線 OP は直線 OA と直線 OB の間にあることから，

その傾き $\dfrac{y}{x}$ は $\dfrac{b}{a} < \dfrac{y}{x} < \dfrac{d}{c}$ です．つまり $\dfrac{b}{a}$ と $\dfrac{d}{c}$ の間に $\dfrac{y}{x}$

があることになり，$\dfrac{b}{a}$ と $\dfrac{d}{c}$ は並んでいません．

　以上をまとめると，次のようになります．

　「△ OAB の内部や辺上に（点 O，点 A，点 B の他に）格子

点が存在したら，$\dfrac{b}{a}$ と $\dfrac{d}{c}$ は並んでいない．」

　この対偶を取ると，次のようになってきます．

《ファレイ数列と格子点》

　ファレイ数列で $\dfrac{b}{a}$ と $\dfrac{d}{c}$ が並んでいたら，A(a, b)，B(c, d)

としたとき，△ OAB の内部や辺上には（点 O，点 A，点
B の他に）格子点は存在しない．

　じつは格子点の個数を数えることで，何と多角形の面積ま

で分かってしまうのです．**ピックの定理**です．

《ピックの定理》

　頂点がすべて格子点である（穴のない）多角形の面積 S は，

　　　　I ……　　内部にある格子点の個数

　　　　B ……　　辺上にある格子点の個数

としたとき，

$$S = I + \frac{1}{2}B - 1$$

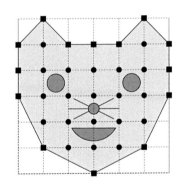

$I = 20$
$B = 14$

$$S = I + \frac{1}{2}B - 1$$
$$= 20 + \frac{14}{2} - 1$$
$$= 26$$

（p122 参照）

　ピックの定理は，**ゲオルグ・アレクサンダー・ピック**により，1899 年に発見されました．もっとも，広く一般に知られるようになったのは，20 世紀も後半になって書籍で紹介されてからのようです．

　このピックの定理から，次のようなことが分かります．p26 で見たように，△OAB では $S = \frac{1}{2}\{ad - bc\}$ となっています．

《格子点と三角形の面積》

　格子点 $A(a,b)$, $B(c,d)$ $\left(\dfrac{b}{a}<\dfrac{d}{c}\right)$ で，△OAB におけ

る I, B を p97 の通りとすると，

$$ad-bc=2\left\{I+\frac{1}{2}B-1\right\}$$

　それでは，いよいよ p94 の「並んだ 2 項の関係」を示しましょう．再記すると，次の通りです．

《並んだ 2 項の関係》

　ファレイ数列で $\dfrac{b}{a}$ と $\dfrac{d}{c}$ $\left(\dfrac{b}{a}<\dfrac{d}{c}\right)$ が並んでいるとき，

$\dfrac{b}{a}$ と $\dfrac{d}{c}$ は隣り合った分数 $(ad-bc=1)$ である．

　$A(a,b)$, $B(c,d)$ として，△OAB の格子点を見てみます．

　$\dfrac{b}{a}$ と $\dfrac{d}{c}$ が（この順に）並んでいるとき，p96 より△OAB の内部や辺上には（点 O，点 A，点 B の他には）格子点は存在しません．つまり△OAB の格子点は，点 O，点 A，点 Bの 3 個だけです．

　したがって上の式より

$$ad-bc=2\left\{I+\frac{1}{2}B-1\right\}=2\left\{0+\frac{3}{2}-1\right\}=1$$

◆ファレイ数列の性質（4）

今度は並んだ2つの項ではなく，並んだ3つの項に目を向けてみましょう.

2番目のファレイ数列 $\dfrac{0}{1}$, $\dfrac{1}{2}$, $\dfrac{1}{1}$ では，真ん中の $\dfrac{1}{2}$ が，$\dfrac{0}{1}$ と $\dfrac{1}{1}$ から次のようにして出てきます.

$$\dfrac{0}{1}, \dfrac{1}{2}, \dfrac{1}{1} \implies \dfrac{0+1}{1+1} = \dfrac{1}{2}$$

3番目のファレイ数列 $\dfrac{0}{1}$, $\dfrac{1}{3}$, $\dfrac{1}{2}$, $\dfrac{2}{3}$, $\dfrac{1}{1}$ でも，次の通りです.

$$\dfrac{0}{1}, \dfrac{1}{3}, \dfrac{1}{2} \implies \dfrac{0+1}{1+2} = \dfrac{1}{3}$$

$$\dfrac{1}{3}, \dfrac{1}{2}, \dfrac{2}{3} \implies \dfrac{1+2}{3+3} = \dfrac{3}{6} = \dfrac{1}{2}$$

$$\dfrac{1}{2}, \dfrac{2}{3}, \dfrac{1}{1} \implies \dfrac{1+1}{2+1} = \dfrac{2}{3}$$

じつは，一般に次が成り立ちます.

《並んだ3項の関係》

ファレイ数列で $\dfrac{b}{a}$, $\dfrac{y}{x}$, $\dfrac{d}{c}$ が（この順に）並んでいるとき，

$$\dfrac{b+d}{a+c} = \dfrac{y}{x}$$

この関係も，1802年に **Haros** により，発見・証明されていたとのことです．そしてファレイが発見し，コーシーが証明したのは，こちらの並んだ3項の関係でした．（参考文献 [3] の注釈 p47）

じつは《並んだ3項の関係》の方は，《並んだ2項の関係》を示してしまえば，こちらから簡単に出てくるのです．

ファレイ数列で $\dfrac{b}{a}, \dfrac{y}{x}, \dfrac{d}{c}$ が（この順に）並んでいるとき，《並んだ2項の関係》から

$$ay - bx = 1, \quad xd - yc = 1$$

となっています．これを x, y について解くと，次の通りです．

$$x = \frac{a+c}{ad-bc}, \quad y = \frac{b+d}{ad-bc}$$

これから，次が出てきます．

$$\frac{y}{x} = \frac{(b+d)/(ad-bc)}{(a+c)/(ad-bc)} = \frac{b+d}{a+c}$$

◆「並ぶ」と「隣り合う」

気になるのは，「並ぶ」と「隣り合う」の関係ですよね．

「並ぶ」のは，数列での話です．項が<u>大きさ順に（1列に）並んでいる数列</u>では，$\dfrac{b}{a}$ と $\dfrac{d}{c}$ が（仲良く）「並んでいる」のは，（邪魔な）$\dfrac{y}{x}$ が，$\dfrac{b}{a} < \dfrac{y}{x} < \dfrac{d}{c}$ と間に割り込んでいない状態です．

　「隣り合う」のは，数列とは無関係な話です．それは（ただ単に）$\dfrac{b}{a}$ と $\dfrac{d}{c}$ が $ad-bc=\pm1$ となっていることです．

　気になるのは，$\dfrac{b}{a}$ と $\dfrac{d}{c}$ が数列の中にあるときの，「隣り合う」と「並ぶ」の関係ですよね．もっとも分数が適当に（いいかげんに）並んでいるだけの数列なら，何の関係もなさそうです．

　でも大きさ順に並んでいる（分数の）数列で $\dfrac{b}{a}$ と $\dfrac{d}{c}$ が「隣り合って」いる場合は，$\dfrac{y}{x}$ が（数列の項か否かはさておき）$\dfrac{b}{a}$ と $\dfrac{d}{c}$ の間に割り込める可能性の有無は，じつは分母を見れば分かるのです．もし $x<a+c$ となっていたら（これからp102 で示すことの対偶により）その可能性はないのです．

　特に（分母がどれも n 以下の分数からなる）n 番目のファレイ数列では，次のようになってきます．

《「隣り合う」と「並ぶ」》

　n 番目ファレイ数列で $\dfrac{b}{a}$, $\dfrac{d}{c}$ $\left(\dfrac{b}{a}<\dfrac{d}{c}\right)$ が隣り合っているとき，$n<a+c$ ならば並んでいる．

　n 番目のファレイ数列に出てくる分数 $\dfrac{y}{x}$ の分母 x は n 以下なので，$n<a+c$ ならば $x<a+c$ となり，$\dfrac{b}{a}$ と $\dfrac{d}{c}$ の間に割り込んでくる可能性はないのです．

ちなみに次の結果は，$\dfrac{b}{a}$ と $\dfrac{d}{c}$ が数列の中にあると限定したときの話ではありません．（参考文献 [4] p 138 参照）

《「隣り合った分数」の間の分数》

$\dfrac{b}{a}, \dfrac{d}{c} \left(\dfrac{b}{a} < \dfrac{d}{c} \right)$ が隣り合っているとき，

$$\dfrac{b}{a} < \dfrac{y}{x} < \dfrac{d}{c} \implies x \geqq a + c$$

$\dfrac{b}{a} < \dfrac{y}{x}$ より $ay - bx > 0$，$\dfrac{y}{x} < \dfrac{d}{c}$ より $xd - yc > 0$ となっています．　そこで $ay - bx = u,\ xd - yc = v\ (u > 0,\ v > 0)$ と置いて x, y について解くと

$$x = \dfrac{av + cu}{ad - bc}, \quad y = \dfrac{bv + du}{ad - bc}$$

ところが $\dfrac{b}{a}, \dfrac{d}{c}$ は隣り合っている $(ad - bc = 1)$ ので，

$$x = av + cu, \quad y = bv + du$$

となります．u, v は整数なので，$u \geqq 1,\ v \geqq 1$ から，

$$x = av + cu \geqq a + c$$

となり，確かに $x \geqq a + c$ となっています．

ちなみに等号が成り立つのは $u = 1,\ v = 1$ のときで，このときは $y = b + d$ です．さらに $\dfrac{y}{x} = \dfrac{b + d}{a + c}$ です．

p58（下に再記）は，p109 よりこの等号が成り立つ場合です．

《自分と両隣の分数との関係》

既約分数 $\dfrac{y}{x}$ と，（これまでの作り方での）両隣の分数

$\dfrac{b}{a}, \dfrac{d}{c}$ $\left(\dfrac{b}{a} < \dfrac{y}{x} < \dfrac{d}{c}\right)$ との間には，次のような関係がある．

$$\dfrac{b}{a}, \dfrac{y}{x}, \dfrac{d}{c} \implies \dfrac{b+d}{a+c} = \dfrac{y}{x}$$

それではファレイ数列の話に戻ります．

ファレイ数列は，既約分数が<u>大きさ順に（小さい順に）</u>並んでいます．

さてファレイ数列で，2つの既約分数 $\dfrac{b}{a}$ と $\dfrac{d}{c}$ が「並んで」いたとします．すると p94 より「隣り合って」います．

それでは何番目のファレイ数列まで，（間に邪魔な項が入ることなく）そのまま「並んで」いられるのでしょうか．

$(a+c-1)$ 番目までのファレイ数列には，分母が $(a+c)$ 以上の分数は入っていません．すると p101 より，$\dfrac{b}{a}$ と $\dfrac{d}{c}$ の間に他の分数が割り込んでくる可能性はありません．つまり $(a+c-1)$ 番目までは，そのまま「並んだ」状態が続くということです．

　　そして $(a+c)$ 番目のファレイ数列で，いよいよ分母が $(a+c)$ の分数が追加され，これらを含めて小さい順への並べかえが行われるのです．名探偵なら，見えてきたぞ……とつぶやくかも知れませんね．

《ファレイ数列の並んだ分数》

　　ファレイ数列で $\dfrac{b}{a}, \dfrac{d}{c}$ $\left(\dfrac{b}{a} < \dfrac{d}{c} \right)$ が並んでいるとき，$(a+c-1)$ 番目のファレイ数列までは，そのまま並んでいる．

4節 ファレイ数列の周知の作り方

◆ファレイ数列の作り方

　ファレイ数列の作り方が，知っている方法と違うのだけど……，と思われたかも知れませんね.

　有名なのは，むしろ次のようにして作った数列です.

　まず，1番目の数列は同じです.

(1) $\dfrac{0}{1}, \dfrac{1}{1}$ 　←F_1

　2番目の数列は，$\dfrac{0}{1}$ と $\dfrac{1}{1}$ の間に，$\dfrac{0+1}{1+1}=\dfrac{1}{2}$ を挿入します.

(2) $\dfrac{0}{1}, \dfrac{1}{2}, \dfrac{1}{1}$ 　←F_2

　3番目の数列は，$\dfrac{0}{1}$ と $\dfrac{1}{2}$ の間に $\dfrac{0+1}{1+2}=\dfrac{1}{3}$ を，$\dfrac{1}{2}$ と $\dfrac{1}{1}$ の

間に $\dfrac{1+1}{2+1}=\dfrac{2}{3}$ を挿入します.

(3) $\dfrac{0}{1},\dfrac{1}{3},\dfrac{1}{2},\dfrac{2}{3},\dfrac{1}{1}$ $\leftarrow F_3$

4番目の数列は, $\dfrac{0}{1}$ と $\dfrac{1}{3}$ の間に $\dfrac{0+1}{1+3}=\dfrac{1}{4}$ は挿入します

が, $\dfrac{1}{3}$ と $\dfrac{1}{2}$ の間に $\dfrac{1+1}{3+2}=\dfrac{2}{5}$ は挿入しません. <u>4番目の数列</u>

<u>では,分母が4を超えたら却下する</u>のです.

(4) $\dfrac{0}{1},\dfrac{1}{4},\dfrac{1}{3},\dfrac{1}{2},\dfrac{2}{3},\dfrac{3}{4},\dfrac{1}{1}$ $\leftarrow F_4$

5番目の数列も同様です. $\dfrac{1}{4}$ と $\dfrac{1}{3}$ の間に $\dfrac{1+1}{4+3}=\dfrac{2}{7}$ は挿入

しません. 分母が5を超えたので却下です.

(5) $\dfrac{0}{1},\dfrac{1}{5},\dfrac{1}{4},\dfrac{1}{3},\dfrac{2}{5},\dfrac{1}{2},\dfrac{3}{5},\dfrac{2}{3},\dfrac{3}{4},\dfrac{4}{5},\dfrac{1}{1}$ $\leftarrow F_5$

こうして作られたのが,（周知のファレイ数列ですが, とりあえずは）**新たな数列**です.

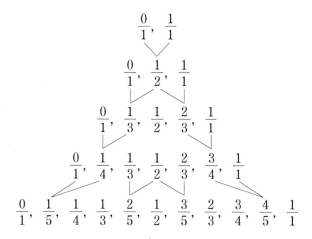

ここまでを見た限りでは, p90 と同じですね.

◆確認（1）

n 番目のファレイ数列 F_n とは，そもそも<u>分母が n 以下の (0 以上 1 以下の) 既約分数を小さい順に並べた数列</u>です．その本来の作り方は，次のようなものです．

まず ($\frac{0}{1}$ と $\frac{1}{1}$ 以外の) $\frac{b}{a}$ ($2 \leqq a \leqq n,\ 1 \leqq b < a$) が，既約分数かどうかを調べます．既約分数でなかったら却下します．つまり a と b の最大公約数 (a, b) を求めて，$(a, b) \neq 1$ のときは捨て去るのです．

次に (却下されずに) 残った既約分数を，($\frac{0}{1}$ と $\frac{1}{1}$ も含めて) 小さい順に並べかえます．

こうして作られたのが，(本来の) n 番目のファレイ数列 F_n です．

気になるのは，(**本来の**) **ファレイ数列**と，今回の (間に挿入する方法で作った) **新たな数列**が，一致するかどうかですよね．ちなみに 1 番目の数列「$\frac{0}{1},\ \frac{1}{1}$」は同じです．

(本来の) ファレイ数列の項は，小さい順に並んでいます．(今回の間に挿入する方法で作った) 新たな数列も，そうなっているのでしょうか．

(本来の) ファレイ数列の項は，どれも既約分数です．(今回の) 新たな数列も，そうなっているのでしょうか．

(本来の) ファレイ数列には，分母が n 以下の (0 以上 1 以下の) 既約分数はすべて入っています．(今回の) 新たな数列も，そうなっているのでしょうか．

これらを順に確かめていきましょう．

　　まずは新たな数列の項が，小さい順に並んでいるかどうか
です．ちなみに，1番目の数列「$\dfrac{0}{1}$, $\dfrac{1}{1}$」は小さい順です．こ
こから間に項を挿入していくと，どうなってくるのでしょう
か．

【問】　$\dfrac{b}{a}$, $\dfrac{d}{c}$ が小さい順に並んでいるとき，

$\dfrac{b}{a}$, $\dfrac{b+d}{a+c}$, $\dfrac{d}{c}$ も小さい順に並んでいることを示しましょ

う．

　　$\dfrac{b}{a}$, $\dfrac{d}{c}$ は小さい順に並んでいるので，$\dfrac{d}{c}-\dfrac{b}{a}=\dfrac{ad-bc}{ac}>0$

つまり $ad-bc>0$ です．このとき，

$$\frac{b+d}{a+c}-\frac{b}{a}=\frac{a(b+d)-b(a+c)}{a(a+c)}=\frac{ad-bc}{a(a+c)}>0$$

$$\frac{d}{c}-\frac{b+d}{a+c}=\frac{d(a+c)-c(b+d)}{c(a+c)}=\frac{ad-bc}{c(a+c)}>0$$

となり，$\dfrac{b}{a}$, $\dfrac{b+d}{a+c}$, $\dfrac{d}{c}$ は小さい順に並んでいます．

◆確認（2）

　　新たな数列には，既約分数しか現れないのでしょうか．

　　$\dfrac{b}{a}$ が（既に約分した）**既約分数**なのは，a と b が互いに

素，つまり a と b の**最大公約数**が1のときです．ここでは

p72 で見てきた，$xa-yb=1$（x，y は整数）という式に着目します．早い話が「隣り合う分数」に持ち込むのです．

まず，1番目の数列「$\frac{0}{1}$，$\frac{1}{1}$」は隣り合っています．それでは間に挿入した項とは，どうなってくるのでしょうか．

> 【問】　$\frac{b}{a}$，$\frac{d}{c}$ が（この順に）隣り合っているとき，$\frac{b}{a}$，
>
> $\frac{b+d}{a+c}$，$\frac{d}{c}$ も（この順に）隣り合うことを示しましょう．

前問で大小比較をしましたが，このときの分子に着目です．

$\frac{b}{a}$，$\frac{d}{c}$ が（この順に）隣り合っているとき，$ad-bc=1$ です．このとき，$\frac{b}{a}$，$\frac{b+d}{a+c}$ では，

$$a(b+d)-b(a+c)=ad-bc=1$$

$\frac{b+d}{a+c}$，$\frac{d}{c}$ でも，

$$(a+c)d-(b+d)c=ad-bc=1$$

となり，$\frac{b}{a}$，$\frac{b+d}{a+c}$，$\frac{d}{c}$ は（この順に）隣り合っています．

> 【問】　$\frac{b}{a}$，$\frac{d}{c}$ が（この順に）隣り合っているとき，$\frac{b+d}{a+c}$
>
> は既約分数であることを示しましょう．

前問で $a(b+d)-b(a+c)=1$ となっていました．この式から（p73 ではわざわざ断りましたが），$(a+c)$ と $(b+d)$ は互いに素（最大公約数が 1）と分かります．つまり（間に挿入していく）$\dfrac{b+d}{a+c}$ は既約分数です．

◆確認（3）

　これまでの確認で，**新たな数列**は既約分数が大きさの順（小さい順）に並んでいることが分かりました．

　問題は n 番目の新たな数列に，分母が n 以下の（0 以上 1 以下の）既約分数が 1 つ残らず入っているかどうかです．

　もちろん新たな数列に，分母が n を超える既約分数が入ってくる心配はありません．そのような分数は却下したのです．分母が n 以下の既約分数なのに，新たな数列に入っていないという事態が心配なだけです．

　まず 1 番目の新たな数列「$\dfrac{0}{1}$, $\dfrac{1}{1}$」には，分母が 1 以下の（0 以上 1 以下の）既約分数が全部入っています．

　そこで $(n-1)$ 番目までは，分母が $(n-1)$ 以下の既約分数が全部入っていると仮定して，これから n 番目がどうなるのかを見ていきましょう．

　さて仮定とこれまでの確認から，$(n-1)$ 番目までは（本来の）ファレイ数列と一致することになります．……ということは，前節のファレイ数列に関する結果を用いることができるということです．

　そもそも n 番目の新たな数列には，（作り方から）$(n-1)$ 番

目の項はそのまま入っているので，仮定より分母が $(n-1)$ 以下の既約分数は全部入っています．

こうなると問題は，分母がちょうど n の既約分数が全部入っているかどうかですね．

そこで $\dfrac{y}{x}$ を分母が n の（勝手に選んだ）既約分数とします．$x = n$ です．ここで，いよいよ第 1 章の結果を用います．

既約分数 $\dfrac{y}{x}$ があったら，$\dfrac{y}{x} = \dfrac{b+d}{a+c}$ となり，$\dfrac{b}{a} < \dfrac{y}{x} < \dfrac{d}{c}$ $(a < x,\ c < x)$ である，両隣の分数 $\dfrac{b}{a}$ と $\dfrac{d}{c}$ が（具体的に）見つかるのです．$\dfrac{y}{x}$ も（p 109 より）$\dfrac{b+d}{a+c}$ も既約分数なので，$x (= n) = a + c,\ y = b + d$ です．

$\max(a,\ c)$ を a と c の大きい方とすると，$\max(a,\ c) < a + c\, (= x = n)$ です．（仮定より）$\max(a,\ c)$ 番目の新たな数列はファレイ数列と一致していて，両隣の分数 $\dfrac{b}{a}$ と $\dfrac{d}{c}$ は p52 よりこの数列に「隣り合って」入っています．すると p101 より「並んで」います．しかも p104 より $(n-1) = (a+c-1)$ 番目でも「並んで」います．

いよいよ $n (= x = a + c)$ 番目の新たな数列です．その作り方から，$(n-1)$ 番目で並んでいた $\dfrac{b}{a}$ と $\dfrac{d}{c}$ の間に，$\dfrac{y}{x} = \dfrac{b+d}{a+c}$ が挿入されます．つまり $\dfrac{y}{x}$ は，$n (= x = a + c)$ 番目の新たな数列に入ってくるのです．

$\dfrac{y}{x}$ は分母が n の（勝手に選んだ）既約分数だったので，こ

れで（分母が $(n-1)$ 以下の既約分数だけでなく）分母がちょうど n の既約分数も，1つ残らず n 番目の新たな数列に入っていることが分かりました．

　以上をもって，すべての確認が終了しました．

　今回の新たな数列は，（本来の）ファレイ数列と同一であると判明したのです．新たな数列ではなく，じつは（本来の）ファレイ数列の新たな作り方にすぎなかったということです．

　新たな数列だったら大発見だったかも……，とガッカリすることはありません．じつは2通りのファレイ数列の作り方を考え合わせることで，素数か否かを判定したり，素因数分解したりすることに，新たな道が開かれるのです．

 5節 # ファレイ数列とフォードの円

◆フォードの円

　この節の内容は，素数や暗号とは関わってきません．興味がないようでしたら，飛ばして次章に進んでも何ら支障はありません．

　（何年も前に）テレビでやっていたのを見ただけですが，何と小学生が，この話題を自由研究で取り上げていたのには驚きました．

　フォードの円は，アメリカの数学者**レスター・フォード**にちなんで名づけられたものです．（参考文献 [5]）

　ファレイ数列は，並んでいる項が隣り合っていましたね．じつはフォードの円は，並んでいる円が接し合っているのです．ただし，どの円も数直線（x 軸）にも接するように描きます．

1番目のファレイ数列は「$\dfrac{0}{1}, \dfrac{1}{1}$」です.

数直線の $0\left(=\dfrac{0}{1}\right)$ と $1\left(=\dfrac{1}{1}\right)$ で接するように,（上方に）直径 1（半径 $\dfrac{1}{2}$）の円を描きます.

すると, これらの円はお互いに接します.

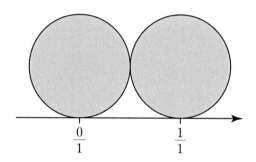

2番目のファレイ数列は「$\dfrac{0}{1}, \dfrac{1}{2}, \dfrac{1}{1}$」です.

数直線の $\dfrac{1}{2}$ で接するように,（上方に）直径 $\dfrac{1}{2^2}$（半径 $\dfrac{1}{8}$）の円を追加します.

見たところ, これまでの円に接しているようですね.

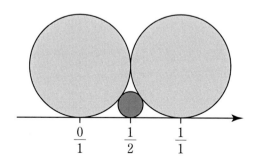

3番目のファレイ数列は「$\dfrac{0}{1}$, $\dfrac{1}{3}$, $\dfrac{1}{2}$, $\dfrac{2}{3}$, $\dfrac{1}{1}$」です.

数直線の $\dfrac{1}{3}$ と $\dfrac{2}{3}$ で接するように,（上方に）どちらも直径 $\dfrac{1}{3^2}$（半径 $\dfrac{1}{18}$）の円を追加します.

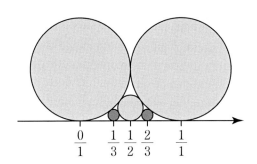

描く円（の大きさ）は分母で決まります. ファレイ数列では, 新たな既約分数 $\dfrac{b}{a}$ が出てきたら（$\dfrac{1}{2}$ で対称な）$\dfrac{a-b}{a}$ も同時に出てきます. このためフォードの円も, $\dfrac{1}{2}$ で対称になってきます. そこで, ここから先は0から $\dfrac{1}{2}$ までを描くことにします.

4番目のファレイ数列の前半は「$\dfrac{0}{1}$, $\dfrac{1}{4}$, $\dfrac{1}{3}$, $\dfrac{1}{2}$」です.

数直線の $\dfrac{1}{4}$ で接するように,（上方に）直径 $\dfrac{1}{4^2}$（半径 $\dfrac{1}{32}$）の円を追加します.

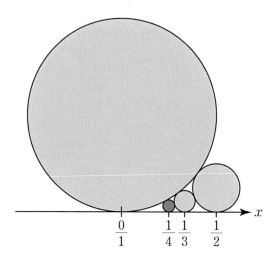

5番目のファレイ数列の前半は「$\dfrac{0}{1}$, $\dfrac{1}{5}$, $\dfrac{1}{4}$, $\dfrac{1}{3}$, $\dfrac{2}{5}$, $\dfrac{1}{2}$」です.

数直線の $\dfrac{1}{5}$ や $\dfrac{2}{5}$ で接するように,（上方に）直径 $\dfrac{1}{5^2}$（半径

$\dfrac{1}{50}$）の円を追加します.

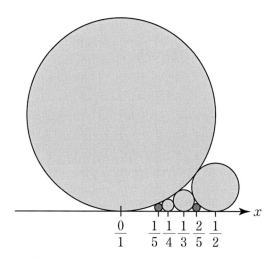

この先も，既約分数 $\dfrac{b}{a}$ に対して，数直線の $\dfrac{b}{a}$ で接するよ

うに，(上方に) 直径 $\dfrac{1}{a^2}$ （半径 $\dfrac{1}{2a^2}$）の円を描いていきます．

◆接する円

フォードの円が接してくるのは，なぜでしょうか．

まずは 2 つの円や 3 つの円が接すると，何がどうなってく

るのか確認しておきましょう．

最初は，2 つの円が接する場合です．

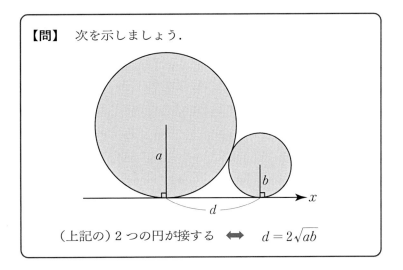

【問】　次を示しましょう．

（上記の）2 つの円が接する　⟺　$d = 2\sqrt{ab}$

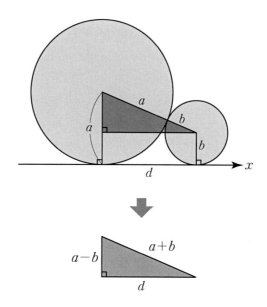

ピタゴラスの定理（3 平方の定理）より

$$(a-b)^2+d^2=(a+b)^2$$
$$d^2=(a+b)^2-(a-b)^2$$
$$d^2=(a^2+2ab+b^2)-(a^2-2ab+b^2)$$
$$d^2=4ab$$
$$d\ =2\sqrt{ab}$$

逆に $d=2\sqrt{ab}$ のとき

$$(a-b)^2+d^2=(a-b)^2+4ab$$
$$=(a+b)^2$$

となり，2 つの円は接します．

今度は，3 つの円が接する場合です．

【問】　次を示しましょう.

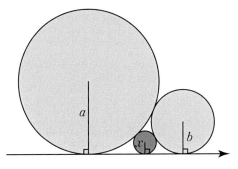

接した 2 円の間の新たな円も接する　$\Longleftrightarrow$　$\dfrac{1}{\sqrt{x}} = \dfrac{1}{\sqrt{a}} + \dfrac{1}{\sqrt{b}}$

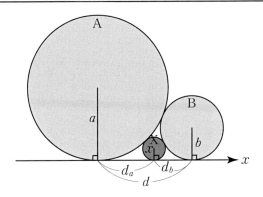

円 A と円 B が接する　$\Longleftrightarrow$　$d = 2\sqrt{ab}$

円 A と円 X が接する　$\Longleftrightarrow$　$d_a = 2\sqrt{ax}$

円 B と円 X が接する　$\Longleftrightarrow$　$d_b = 2\sqrt{bx}$

3 つの円が接するのは

$$d = d_a + d_b$$

$$2\sqrt{ab} = 2\sqrt{ax} + 2\sqrt{bx}$$

両辺を $2\sqrt{abx}$ で割ると

$$\frac{1}{\sqrt{x}} = \frac{1}{\sqrt{b}} + \frac{1}{\sqrt{a}}$$

それでは，いよいよ**フォードの円**です．

まず1番目のファレイ数列は「$\dfrac{0}{1}$, $\dfrac{1}{1}$」で，これらに対応する円は接しています．

この先は，新たに追加された $\dfrac{y}{x}$ に対応する円が，これまでの円に接することを見ていきます．

【問】　ファレイ数列で，新たに $\dfrac{y}{x}$ が追加されて $\dfrac{b}{a}$, $\dfrac{y}{x}$, $\dfrac{d}{c}$ が並んだとき，これらに対応するフォードの円が接することを示しましょう．

ファレイ数列の p99 の《並んだ3項の関係》より，追加された既約分数 $\dfrac{y}{x}$ が次の場合です．

$$\frac{y}{x} = \frac{b+d}{a+c}$$

まず $\dfrac{y}{x}$ も p109 より $\dfrac{b+d}{a+c}$ も既約分数なので，$x = a+c$ です．

$$x = a+c$$
$$\sqrt{2}\,x = \sqrt{2}\,a + \sqrt{2}\,c$$
$$\frac{1}{\sqrt{\dfrac{1}{2x^2}}} = \frac{1}{\sqrt{\dfrac{1}{2a^2}}} + \frac{1}{\sqrt{\dfrac{1}{2c^2}}}$$

$\dfrac{1}{2a^2}$, $\dfrac{1}{2x^2}$, $\dfrac{1}{2c^2}$ は，$\dfrac{b}{a}$, $\dfrac{y}{x}$, $\dfrac{d}{c}$ に対応する円の半径です．

前問より，対応するフォードの円が接することになります．

結局のところ，「$x = a+c$」と「対応する円が接している」が呼応していたのですね．

●コラム●
ピックの定理

ピックの定理は，"お受験"の学習塾でも大人気です．もっとも，（一般の）小学校では扱っていません．

《ピックの定理》
　頂点がすべて格子点にある（穴のない）多角形の面積 S は，

　　　I …… 　内部にある格子点の個数
　　　B …… 　辺上にある格子点の個数

　としたとき，

$$S = I + \frac{1}{2}B - 1$$

じつは「頂点がすべて格子点にある（穴のない）多角形」は，「頂点が格子点にある面積 $\frac{1}{2}$ の3角形」に分割されるのです．

　（これが証明されたことを前提にすれば）ピックの定理は，（中学校で学ぶ）平面幾何の練習問題にピッタリです．

　「多角形の**外角の和**は 360°」を用いますが，中学校で学んだものとは少々異なり，（回転の）向きを考慮します．ロボットが多角形の辺に沿って真っ直ぐ進んで行き，頂点に来るたびにクルリと向きを変えて，また真っ直ぐ進んで行くと想像

してみましょう．多角形を一回りして元の状態に戻ったとき，ロボットが向きを変えるのにクルリと回転した角度の合計（**外角の和**）は，1回転分の 360°となります．

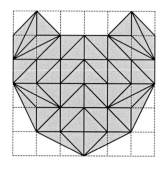

面積 $\frac{1}{2}$ の3角形52個

$S = \frac{1}{2} \times 52 = 26$

（p97 参照）

　等式「$S = I + \frac{1}{2}B - 1$」を導くため，分割した（n 個）全部の3角形の「内角の和」の合計を2通りの方法で求めていきます．

　1つ目の方法は，いたって簡単です．3角形1個につき「内角の和」は180°なので，n 個の合計なら $180° \times n$ です．

　それでは，これから2つ目の方法を見ていきましょう．

　まず，多角形の内部にある格子点に着目します．その周りの（三角形の内角が集まった）角の和は360°なので，I 個では $360° \times I$ となります．

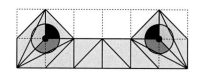

次に，多角形の辺上の格子点に着目します．

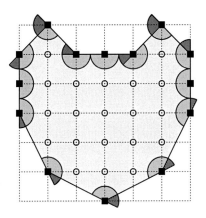

辺上の格子点の中で，多角形の頂点になっているものの個数を v 個とします．すると，頂点での（三角形の内角が集まった）角の和は $\underline{180° \times v - 360°}$ です．ここで引いた $360°$ は，多角形の**外角の和**です．

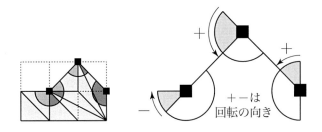

$+-$ は
回転の向き

一方，辺上の格子点の中で，多角形の頂点になっていないものの個数は $(B-v)$ 個です．これらの（三角形の内角が集まった）角の和は，$\underline{180° \times (B-v)}$ です．

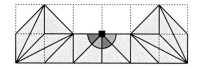

これまで全部を合計すると，次のようになります．

$$\underline{360° \times I} + \underline{(180° \times v - 360°)} + \underline{180° \times (B-v)}$$

$$= 180° \times \{2I + (v-2) + (B-v)\}$$

$$= 180° \times \{2I + B - 2\}$$

上記が2つ目の方法で求めた，（**n**個）全部の3角形の「内角の和」を合計したものです．

これが1つ目の方法で求めた $180° \times \boldsymbol{n}$ と等しいことから，次のようになります．

$$180° \times n = 180° \times \{2I + B - 2\}$$

$$n = 2I + B - 2$$

それでは，いよいよ多角形の面積を求めましょう．

多角形は，面積 $\dfrac{1}{2}$ の3角形 n 個に分割されたので，

$$S = \frac{1}{2} n$$

これに，$n = 2I + B - 2$ を代入すると

$$S = \frac{1}{2}(2I + B - 2)$$

$$S = I + \frac{1}{2} B - 1$$

第 3 章

"分母の数列" とバーゼル問題

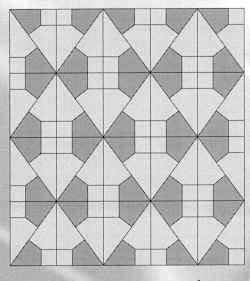

$$\frac{1}{3}$$

 "分母の数列" とオイラー関数

◆オイラー関数

いよいよ「分数」が,「素数」や「暗号」に関わる時がやってきました. 前章では, ごく普通の分数を, ごくごく普通に並べただけのファレイ数列に, 2通りの作り方があることを見てきました. 本章では, その2通りの作り方を考え合わせます.

分数では, 約分することから話を始めましたね. 既に約分し終えた分数が, **既約分数**です.

その (0以上1以下の) 既約分数を, 分母が n 以下に限定して, 小さい順に並べた数列が **n 番目のファレイ数列 F_n** です.

ファレイ数列を「素数」や「暗号」に応用する際に, カギとなるのはその**項数**です.

それでは<u>ファレイ数列</u>の**項数**を数えてみましょう. もっとも数えるだけなので, 小さい順に並べかえる必要はありません.

【問】 次の既約分数は, 全部でいくつありますか.

(1) $\dfrac{0}{1}, \dfrac{1}{1}$

(2) $\dfrac{0}{1}, \dfrac{1}{1}, \dfrac{1}{2}$

(3) $\dfrac{0}{1}, \dfrac{1}{1}, \dfrac{1}{2}, \dfrac{1}{3}, \dfrac{2}{3}$

(4) $\dfrac{0}{1}, \dfrac{1}{1}, \dfrac{1}{2}, \dfrac{1}{3}, \dfrac{2}{3}, \dfrac{1}{4}, \dfrac{3}{4}$

(5) $\dfrac{0}{1}, \dfrac{1}{1}, \dfrac{1}{2}, \dfrac{1}{3}, \dfrac{2}{3}, \dfrac{1}{4}, \dfrac{3}{4}, \dfrac{1}{5}, \dfrac{2}{5}, \dfrac{3}{5}, \dfrac{4}{5}$

これくらいなら, 1つ, 2つと数えた方が早いですね.

じつは<u>新たな項がいくつ加わったか</u>を数えて, 1つ前の項数にたし合わせる……という具合に進めたいのです.

数える際に, 正の話と信じていると, $\dfrac{0}{1}$ の1個を忘れてしまうので注意しましょう.

(1) 最初は $\dfrac{0}{1}$ の1個で, 分母1の $\dfrac{1}{1}$ が加わり

$$1 + 1 = \boxed{2}$$

(2) (1)の2個に, 分母2の $\dfrac{1}{2}$ が加わり $2 + 1 = \boxed{3}$

(3) (2)の3個に, 分母3の $\dfrac{1}{3}, \dfrac{2}{3}$ が加わり $3 + 2 = \boxed{5}$

(4) (3) の 5 個に, 分母 4 の $\dfrac{1}{4}$, $\dfrac{3}{4}$ が加わり $5+2=\boxed{7}$

(5) (4) の 7 個に, 分母 5 の $\dfrac{1}{5}$, $\dfrac{2}{5}$, $\dfrac{3}{5}$, $\dfrac{4}{5}$ が加わり

$7+4=\boxed{11}$

追加していった数 1, 1, 2, 2, 4 は, じつはこれから見ていく**オイラー関数**の値です. n 番目のファレイ数列 F_n で追加したのは, 分母が n の既約分数 $\dfrac{b}{n}$ $(1 \leqq b \leqq n)$ です. ちなみに $\dfrac{b}{n}$ が既約分数となるのは, (約分するときに) b と n を割り切るような公約数が 1 だけ, つまり最大公約数 $(b, n)=1$ のときです. このとき b と n は**互いに素**と呼びましたね.

　オイラー関数 $\varphi(n)$ は, n と互いに素な b $(1 \leqq b \leqq n)$ の<u>個数</u>を値に取る関数です. つまり $\dfrac{1}{n}, \dfrac{2}{n}, \cdots, \dfrac{n}{n}$ の中の**既約分数**の<u>個数</u>です. ただし $\varphi(1)=1$ とします.

　先ほど追加していった個数は, 次の通りです.

$$\varphi(1)=1, \ \varphi(2)=1, \ \varphi(3)=2, \ \varphi(4)=2, \ \varphi(5)=4$$

　このオイラー関数を用いると, 1 番目から 5 番目までのファレイ数列の項数は, 次のようになっています.

(1)　$1+\varphi(1)$　$\longleftarrow$　F_1 の項数

(2)　$1+\varphi(1)+\varphi(2)$　$\longleftarrow$　F_2 の項数

(3)　$1+\varphi(1)+\varphi(2)+\varphi(3)$　$\longleftarrow$　F_3 の項数

(4)　$1+\varphi(1)+\varphi(2)+\varphi(3)+\varphi(4)$　$\longleftarrow$　F_4 の項数

(5)　$1+\varphi(1)+\varphi(2)+\varphi(3)+\varphi(4)+\varphi(5)$　$\longleftarrow$　F_5 の項数

《ファレイ数列の項数》

n 番目のファレイ数列 F_n の項数は,

$$1+\varphi(1)+\varphi(2)+\cdots+\varphi(n)$$

◆オイラー関数の値

オイラー関数の値を（簡単な場合に）求めてみましょう.

【問】 n が次の場合に，オイラー関数の値 $\varphi(n)$ を求めましょう.

(1) $n=p$ （p は素数）

(2) $n=2^m$ （$m \geqq 2$ は整数）

(3) $n=pq$ （p,q は異なる素数）

(1) 先ほど見たように，$n=3$ のときは $\varphi(3)=2$ で，$n=5$ のときは $\varphi(5)=4$ でした.

$n=p$ （p は素数）のとき，じつは $\boxed{\varphi(p)=p-1}$ です．素数 p の約数（割り切る数）は 1 と p だけなので，1, 2, …, $p-1$ との公約数は 1 だけです．つまり，これらの $p-1$ 個とはどれも互いに素です.

(2) 先ほど見たように，$n=4$ のときは $\varphi(4)=2$ でした.「4 と互いに素」な数は「2 と互いに素」な数で，それは奇数

の 1, 3 です. その個数は, 4 個の半分の 2 個です.

$n = 2^m$ のとき, じつは $\boxed{\varphi(2^m) = 2^{m-1}}$ です. 「2^m と互いに素」な数は,「2 と互いに素」な数で, それは奇数の 1, 3, $\cdots$, $2^m - 1$ です. その個数は, $n = 2^m$ のちょうど半分で $2^m \div 2 = 2^{m-1}$ 個です.

(3)　$n = pq$ (2 つの素数の積) は, **RSA 暗号**で用いられる (重要な) 場合です.

さて 1, 2, $\cdots$, pq の中で $n = pq$ と互いに素, つまり 1 以外の公約数をもたない数は, どんな数でしょうか.

それは p でも q でも割り切れない数です.

そこで p で割り切れる数 (p の倍数) と q で割り切れる数 (q の倍数) を数えて, 全部の 1, 2, $\cdots$, pq の pq 個から引くことにします.

p の倍数は, $1p$, $2p$, $\cdots$, qp の q 個です.

q の倍数は, $1q$, $2q$, $\cdots$, pq の p 個です.

でも q 個と p 個を引くと, $qp\,(= pq)$ は 2 回引いてしまいます. そこで 1 回たして帳尻を合わせます.

$$\varphi(pq) = pq - q - p + 1$$
$$\boxed{\varphi(pq) = (p-1)(q-1)}$$

さて (1) の $\varphi(p) = p-1$, $\varphi(q) = q-1$ と上記の (3) から, 次のようになっています.

$$\varphi(pq) = (p-1)(q-1)$$
$$= \varphi(p)\varphi(q)$$

じつは，一般に次が成り立ちます.

a と b が互いに素のとき，
$$\varphi(ab) = \varphi(a)\varphi(b)$$

さらに $n = p^m$（p は素数，$m \geq 2$ は整数）のとき，次が成り立ちます.

（$m = 1$ のときも，$p^0 = 1$ なので成り立ちます.）

$$\varphi(p^m) = p^m - p^{m-1} = p^m \left(1 - \frac{1}{p}\right)$$

「p^m と互いに素」な数は，「p と互いに素」な数で，その（p^m 以下の）個数は，全部の $1, 2, \cdots, p^m$ の p^m 個から，p の倍数 $1p, 2p, \cdots, p^{m-1}p$ の p^{m-1} 個を引いただけあります. つまり，その個数は $p^m - p^{m-1}$ 個です.

素因数分解が分かれば，上記の 2 つを合わせることで，一般の場合が計算できます.

素因数分解が分からないときに，どうやって $\varphi(n)$ を求めるかは，（まさに本題で）この後で順を追って見ていきます.

【問】 $n=2$ から $n=10$ までの $\varphi(n)$ を求めましょう.

ちなみに $n=1$ のとき，$\varphi(1)=1$ としました.

(2) 2 は素数 $\longrightarrow$ $\varphi(2)=2-1=1$

(3) 3 は素数 $\longrightarrow$ $\varphi(3)=3-1=2$

(4) $\varphi(4)=\varphi(2^2)=4\times\left(1-\dfrac{1}{2}\right)=2$

(5) 5 は素数 $\longrightarrow$ $\varphi(5)=5-1=4$

(6) $\varphi(6)=\varphi(2\times3)=\varphi(2)\varphi(3)=(2-1)\times(3-1)=2$

(7) 7 は素数 $\longrightarrow$ $\varphi(7)=7-1=6$

(8) $\varphi(8)=\varphi(2^3)=8\times\left(1-\dfrac{1}{2}\right)=4$

(9) $\varphi(9)=\varphi(3^2)=9\times\left(1-\dfrac{1}{3}\right)=9\times\dfrac{2}{3}=6$

(10) $\varphi(10)=\varphi(2\times5)=\varphi(2)\varphi(5)=(2-1)\times(5-1)=4$

◆オイラー関数と RSA 暗号

RSA 暗号では，巨大な素数を 2 つかけた $n=pq$（p,q は異なる素数）が用いられます.

p と q が大きな素数であっても，かけ算して $p\times q=n$ を求めるのは（コンピュータを用いれば）簡単なことです. でも，この n が公開されたところで，逆に $n=p\times q$ と素因数分解するのは（時間的に不可能なほど）困難なのです.

　割り切る数（約数の p や q）を知りたいからと，n より小さい数で次々に割ってみるのは現実的ではありません．（素数だけで割ってみればよいのですが，その素数を求めておくのも困難なことなのです．）

　常識的に考えると，割り算をしてみなければ，割り切る数（**約数**）は判明しないと思いますよね．でもそれは常識ではなく思い込みなのです．たとえば（割り算しない）何らかの方法で，$\varphi(n)$ を求められるとしたらどうでしょうか．

　こうなると，簡単に $n = p \times q$ と素因数分解できてしまうのです．

【問】　$n = 299$ は，2つの素数の積です．（$n = p \times q$）
$\varphi(n) = 264$ と求まったとき，2つの素数は何でしょうか．

　$n = pq$ のとき，p 130 で見たように

$$\varphi(n) = (p-1)(q-1)$$
$$= pq - p - q + 1$$
$$= n - (p+q) + 1$$
$$\boxed{p + q = n - \varphi(n) + 1}$$

となっています．

　$n = 299$，$\varphi(n) = 264$ より

$$p + q = 299 - 264 + 1 = 36$$

です．これで $p + q = 36$，$pq = n = 299$ と分かりました．

　ちなみに，$x = p, q$ を解とする2次方程式は（両辺を何倍

かしたものを除けば) 次の通りです.

$$(x-p)(x-q)=0$$

$$\boxed{x^2-(p+q)x+pq=0}$$

これに $p+q=36$, $pq=299$ を代入します.

$$x^2-36x+299=0$$

$$1x^2-2\cdot18x+299=0$$

解の公式より,

$$x=18\pm\sqrt{18^2-1\times299}$$

$$=18\pm\sqrt{25}$$

$$=18\pm5$$

$$=23,\ 13$$

これで $\boxed{2\ \text{つの素数は}\ 23,\ 13}$ と判明しました.

$n=299=23\times13$ と素因数分解できたのです.

◆ファレイ数列の項数

いよいよ本題です. 素因数分解が分からないときに, どう
やって $\varphi(n)$ を求めるかを見ていきましょう.

さてファレイ数列では, 2 つの作成法を見てきました.

「1 つ目の作り方」は, ファレイ数列の定義そのものです.

n 番目のファレイ数列 F_n は, 分母が n 以下の (0 以上 1
以下の) 既約分数を小さい順に並べました.

「2 つ目の作り方」は,「$\dfrac{0}{1}, \dfrac{1}{1}$」からスタートして, (分子どう
し・分母どうしをたして) 間に挿入していきました. 分母が

n を超えたら，n 番目のファレイ数列 F_n には入れません.

$$\frac{0}{1}, \frac{1}{1}$$

$$\frac{0}{1}, \frac{1}{2}, \frac{1}{1}$$

$$\frac{0}{1}, \frac{1}{3}, \frac{1}{2}, \frac{2}{3}, \frac{1}{1}$$

$$\frac{0}{1}, \frac{1}{4}, \frac{1}{3}, \frac{1}{2}, \frac{2}{3}, \frac{3}{4}, \frac{1}{1}$$

$$\frac{0}{1}, \frac{1}{5}, \frac{1}{4}, \frac{1}{3}, \frac{2}{5}, \frac{1}{2}, \frac{3}{5}, \frac{2}{3}, \frac{3}{4}, \frac{4}{5}, \frac{1}{1}$$

どちらの方法で作っても，（同じ）ファレイ数列です.

n 番目のファレイ数列の項数も（どちらで作っても）同じです.分母が（ちょうど）n となっている項の個数も（どちらで作っても）同じです.1 つ目の方法で $\varphi(n)$ 個あるということは，2 つ目の方法でも $\varphi(n)$ 個あるということです.

◆ $\varphi(n)$ の求め方

素因数分解が分からないとき，どうやって $\varphi(n)$ を求めるかというのが問題でしたね.

その $\varphi(n)$ ですが，（これまで見てきたように）n 番目のファレイ数列 F_n において，分母が（ちょうど）n となっている項の個数です.

……ということで，その個数を数えることにしましょう.

ちなみに真ん中の $\frac{1}{2}$ まで数えれば十分です.p91 で見たように，$\frac{1}{2}$ の左右（前後）は同じ項数だからです.

ここからは，真ん中の $\frac{1}{2}$ までのファレイ数列の分母となっている "**分母の数列**" を見ていきます．

下記の "分母の数列" で，初項の 1 は $\frac{0}{1}$ の 1，末項の 2 は $\frac{1}{2}$ の 2 です．序章では（数えることに影響しない）初項の 1 を省略しました．（今後も省略することがあります．）

(1) 1 ← F_1 からの "分母の数列"

(2) $1, 2$ ← F_2 〃

(3) $1, 3, 2$ ← F_3 〃

(4) $1, 4, 3, 2$ ← F_4 〃

(5) $1, 5, 4, 3, 5, 2$ ← F_5 〃

(6) $1, 6, 5, 4, 3, 5, 2$ ← F_6 〃

(7) $1, 7, 6, 5, 4, 7, 3, 5, 7, 2$ ← F_7 〃

(8) $1, 8, 7, 6, 5, 4, 7, 3, 8, 5, 7, 2$ ← F_8 〃

(9) $1, 9, 8, 7, 6, 5, 9, 4, 7, 3, 8, 5, 7, 9, 2$ ← F_9 〃

(10) $1, 10, 9, 8, 7, 6, 5, 9, 4, 7, 10, 3, 8, 5, 7, 9, 2$ ← F_{10} 〃

【問】 上の "分母の数列" を見て，（$n=2$ から $n=10$ までの）$\varphi(n)$ を求めましょう．

ちなみに $n=1$ のとき，$\varphi(1)=1$ としました．

$\varphi(n)$ を求めるには，まず "分母の数列" に n がいくつ出てくるか数えます．$\varphi(n)$ $(n \geqq 3)$ は，その個数の 2 倍です．

(2)　2 は 1 個です．例外的に 2 倍しないで $\varphi(2) = 1$

(3)　3 は 1 個です．2 倍して $\varphi(3) = 1 \times 2 = 2$

(4)　4 は 1 個です．2 倍して $\varphi(4) = 1 \times 2 = 2$

(5)　5 は 2 個です．2 倍して $\varphi(5) = 2 \times 2 = 4$

(6)　6 は 1 個です．2 倍して $\varphi(6) = 1 \times 2 = 2$

(7)　7 は 3 個です．2 倍して $\varphi(7) = 3 \times 2 = 6$

(8)　8 は 2 個です．2 倍して $\varphi(8) = 2 \times 2 = 4$

(9)　9 は 3 個です．2 倍して $\varphi(9) = 3 \times 2 = 6$

(10)　10 は 2 個です．2 倍して $\varphi(10) = 2 \times 2 = 4$

◆ "分母の数列"

"分母の数列" を，（ファレイ数列の）「2 つ目の作り方」で作っていきましょう．その作り方ですが，分子と分母は影響し合っていないことに着目です．……ということは，単に分母だけを作ればよいということです．

まず n 番目の "分母の数列" は，どれも（初項は 1，末項は 2 で）第 2 項は n です．この n は，$\dfrac{1}{n}$ の n です．

n が第 2 項になるのは，（分母が n 以下の既約分数の中で）$\dfrac{0}{1}$ の次に小さいのが $\dfrac{1}{n}$ だからです．ちなみに 2 つ目の作り方では，$(n-1)$ 番目の初項 $\dfrac{0}{1}$ と第 2 項 $\dfrac{1}{n-1}$ から，

$$\frac{0+1}{1+(n-1)} = \frac{1}{n}$$ として出てきたものです.

さて, 他にどんなことに気づきますか.

(1) $1 \longleftarrow F_1$ からの "分母の数列"

(2) $1, 2 \longleftarrow F_2$ 〃

(3) $1, 3, 2 \longleftarrow F_3$ 〃

(4) $1, 4, 3, 2 \longleftarrow F_4$ 〃

(5) $1, 5, 4, 3, 5, 2 \longleftarrow F_5$ 〃

(6) $1, 6, 5, 4, 3, 5, 2 \longleftarrow F_6$ 〃

(7) $1, 7, 6, 5, 4, 7, 3, 5, 7, 2 \longleftarrow F_7$ 〃

(8) $1, 8, 7, 6, 5, 4, 7, 3, 8, 5, 7, 2 \longleftarrow F_8$ 〃

(9) $1, 9, 8, 7, 6, 5, 9, 4, 7, 3, 8, 5, 7, 9, 2 \longleftarrow F_9$ 〃

(10) $1, 10, 9, 8, 7, 6, 5, 9, 4, 7, 10, 3, 8, 5, 7, 9, 2 \longleftarrow F_{10}$ 〃

n 番目の "分母の数列" では, 「$n, n-1, n-2, \cdots, 3, 2$」が, (飛び飛びにですが) この順になるように現れています.

その理由は明らかです. ファレイ数列は, 分母が n 以下の既約分数を (1つ残らず) 小さい順に並べました. そうなると (既約分数)「$\dfrac{1}{n}, \dfrac{1}{n-1}, \dfrac{1}{n-2}, \cdots, \dfrac{1}{3}, \dfrac{1}{2}$」は, この順でどこかに現れるというものです.

こんなことにも気づきますね.

4番目の数列では, (1は例外として)「4, 3, 2」と (分母なので大きい順に) 並んでいます. でも, 他の数列はそうではありません. たとえば5番目の数列では, 「5, 4, 3, 2」ではなく

「5, 4, 3, 5, 2」と間に 5 が割り込んでいます.

こうなる理由は明らかです. 3 と 2 の間に 5 が入るのは,（2つ目の作り方で分母に着目すると）3＋2＝5 だからです.

さて RSA 暗号では, 2 つの素数 p, q をかけた $n＝pq$ の n を公開します.

そこで（例として）2 つの素数を 3, 5 とし, $n＝3×5＝15$ の 15 は公開されているけれど,（攻撃者にとって）15 を $3×5$ と素因数分解するのは困難という想定の下で, $\varphi(15)$ を求めてみましょう.

【問】 15 番目の "分母の数列" に, 15 がいくつ出てくるかを数えて, $\varphi(15)$ を求めましょう.

初項は 1 で, 第 9 項までは次の通りです. 並んだ数をたすと 15 を超えるので, ここまでは確定です.

「1, 15, 14, 13, 12, 11, 10, 9, 8」

でも, この続きは「(8), 7」ではありません. 8＋7＝15 なので, 間に 15 が入ります.「(8), 15, 7」はこれで確定です. 並んだ数をたすと 15 を超えるからです.「(8), 7」→「(8), 15, 7」です.

この続きは「(7), 6」→「(7), 13, 6」です.

この続きは「(6), 5」→「(6), 11, 5」です.

この続きは「(5), 4」→「(5), 9, 4」→「(5), 14, 9, 13, 4」

この続きは「(4), 3」→「(4), 7, 3」→「(4), 11, 7, 10, 3」→

「(4), 15, 11, 7, 10, 13, 3」です.

　この続きは「(3), 2」→「(3), 5, 2」→「(3), 8, 5, 7, 2」→「(3), 11, 8, 13, 5, 12, 7, 9, 2」→「(3), 14, 11, 8, 13, 5, 12, 7, 9, 11, 2」→「　〃　, 11, 13, 2」→「〃　, 11, 13, 15, 2」です.

　末項 2 まで確定したので, これにて終了です.

　$n = 15$ の "分母の数列" は, 次の通りです.

$$1, \mathbf{15}, 14, 13, 12, 11, 10, 9, 8, \mathbf{15}, 7, 13,$$
$$6, 11, 5, 14, 9, 13, 4, \mathbf{15}, 11, 7, 10, 13,$$
$$3, 14, 11, 8, 13, 5, 12, 7, 9, 11, 13, \mathbf{15}, 2$$

　この中に, 15 は 4 個現れています. 2 から後にも 4 個現れるので, 全部で $4 \times 2 = 8$ 個です. $\boxed{\varphi(15) = 4 \times 2 = 8}$ です.

　上記の 15 番目の "分母の数列" ですが, 2 を除くと 36 個あります. ("分母の数列" の項数は, 2 を含めた 37 個です.)

　15 番目のファレイ数列の項数は, 36 個の 2 倍と (除いた 2 の) 1 個とで, $36 \times 2 + 1 = 73$ 個となります. これは次の式で求まる個数と一致していますね. (単なる確認ですが…….)

$$1 + \varphi(1) + \varphi(2) + \varphi(3) + \varphi(4) + \varphi(5)$$
$$+ \varphi(6) + \varphi(7) + \varphi(8) + \varphi(9) + \varphi(10)$$
$$+ \varphi(11) + \varphi(12) + \varphi(13) + \varphi(14) + \varphi(15)$$
$$= 1 + 1 + 1 + 2 + 2 + 4$$
$$+ 2 + 6 + 4 + 6 + 4$$
$$+ 10 + 4 + 12 + 6 + 8$$
$$= 73$$

◆素数の不思議な見つけ方

序章で，次のような**素数判定**を見てきましたね．

《**" 数列 " による素数判定**》

  " 数列 " の中に現れる p の個数を m としたとき

$$p \text{ が素数} \quad \Leftrightarrow \quad 2m = p-1$$

じつは " 数列 " は（初項 1 を除いた）" 分母の数列 " で，$2m$ の正体は**オイラー関数** $\varphi(n)$ です．

n が素数 p のとき，$\varphi(p) = p-1$ です．素数 p は 1, 2, $\cdots$, $p-1$ の $p-1$（個）と互いに素なのです．

上記の素数判定は，（素因数分解が困難という前提の下で，" 分母の数列 " を用いたことを除けば）単に次のことだったというわけです．

$$p \text{ が素数} \quad \Leftrightarrow \quad \varphi(p) = p-1$$

◆項数の近似値

$n = pq$ と素因数分解するのは，n が大きくなると（時間的に不可能なほど）困難です．でも " 分母の数列 " を用いて $\varphi(n)$ を求めるのも，やはり大変そうですね．n が大きくなると，n 番目の " 分母の数列 " の項数もどんどん大きくなるからです．

p 140 で見たように, 15 番目のファレイ数列の項数でさえ 73 個もあるのです. 15 番目の "分母の数列" の項数は, そのおよそ半分の (「2」の 1 個を含めた $\dfrac{73+1}{2}=37$ の) 37 個です.

ただし (項数は多くても), p 139 で「この続き, この続き, ……」と区切って見てきたように, **分散処理**は可能です.

これから "分母の数列" の項数が, どれくらいの大きさになるのかを見ていきましょう.

その前に, 元々の n 番目ファレイ数列の項数
$$1+\varphi(1)+\varphi(2)+\cdots+\varphi(n)$$
は, どれくらいの大きさになるのでしょうか.

じつは, 次が成り立っています. (参考文献 [6] p 174)

《ファレイ数列の項数の近似値》
$$1+\varphi(1)+\varphi(2)+\cdots+\varphi(n)$$
$$\Rightarrow \quad 3\left(\frac{n}{\pi}\right)^2 \approx 0.3039635509 \times n^2$$

上記は, あくまでも近似値です. ためしに $n=15$ とすると
$$0.3039635509 \times 15^2 = 68.3917989525$$
となり, 約 68 個です. (p 140 で見てきた) 実際の 73 個とは, 5 個も違っていますね.

この式で求まるのは, あくまでも n が大きいときの近似値です. n が大きいほど, 近似がよくなるのです. ちなみに RSA 暗号で用いる $n=pq$ (p, q は素数) は, 十分すぎるほど

大きな数です.

　"分母の数列" は，ファレイ数列のおよそ半分なので，その項数は次のようになります.

《"分母の数列" の項数の近似値》

　　　　　n 番目の "分母の数列" の項数

　　⇒　　$\dfrac{3}{2}\left(\dfrac{n}{\pi}\right)^2 \approx 0.15198177545 \times n^2$

 7節 **"分母の数列" とバーゼル問題**

◆円周率 π の出所

n 番目のファレイ数列の**項数**は, n が大きくなると次の値に近づくという話でした.

$$3\left(\frac{n}{\pi}\right)^2 = n^2 \times \frac{3}{\pi^2}$$

不思議なのは, (既約) 分数の個数に, どうして**円周率 π が出てくるのだろう**ということですよね.

ここで思い起こされるのが, **バーゼル問題**です.

【バーゼル問題】

$$\frac{1}{1^2} + \frac{1}{2^2} + \frac{1}{3^2} + \cdots + \frac{1}{n^2} + \cdots = \boxed{}$$

この問題は，**ニュートン**と並ぶ微積分の創始者**ライプニッツ**でさえ，歯が立たなかった超難問です．

それを解いたのが，当時 28 歳だった若き**オイラー**です．
導き出した答えは，次の通りです．

$$\frac{1}{1^2} + \frac{1}{2^2} + \frac{1}{3^2} + \cdots + \frac{1}{n^2} + \cdots = \frac{\pi^2}{6}$$

ここにも，なぜか円周率 π が現れていますね．左辺を見ても，円とは何の関係もなさそうですが……．

ところがオイラーは，左辺を何と円に結びつけたのです．ちなみに，丸い円を四角い座標に落とし込むのが $\sin x$ と $\cos x$ です．通常は**三角関数**と呼ばれていますが，またの名は**円関数**です．
（左辺が）円関数に結びつくとなると，円周率 π が出てきても不思議ではありませんよね．

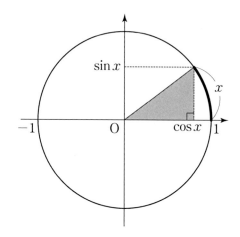

　バーゼル問題の解決に向けて，オイラーが導き出したのは次の等式です.

$$\left(1-\frac{x^2}{1^2\pi^2}\right)\left(1-\frac{x^2}{2^2\pi^2}\right)\left(1-\frac{x^2}{3^2\pi^2}\right)\cdots\cdots$$
$$=1-\frac{x^2}{3!}+\frac{x^4}{5!}-\frac{x^6}{7!}+\cdots\cdots$$

　左辺（上の方）は，$x=\pm\pi$，$\pm 2\pi$，$\pm 3\pi$，… で 0 になることに着目です.

　右辺（下の方）は（円関数 $\sin x$ を x で割った）$\dfrac{\sin x}{x}$ をべき級数に展開したものです. その $\dfrac{\sin x}{x}$ もまた，$x=\pm\pi$，$\pm 2\pi$，$\pm 3\pi$，… で 0 になります.

つまり左辺と右辺は，どこで 0 になるか（**零点**）が完全に一致しているのです．

（厳密な証明はさておき）この等式を用いると，「バーゼル問題」の値は以下のように求まってきます．

まず左辺（上の方）を展開すると，次のような「x^2 の同類項」が出てきます．

$$\left(1\boxed{-\frac{x^2}{1^2\pi^2}}\right)\left(\boxed{1}-\frac{x^2}{2^2\pi^2}\right)\left(\boxed{1}-\frac{x^2}{3^2\pi^2}\right)\cdots\cdots \longrightarrow -\frac{1}{1^2\pi^2}x^2$$

$$\left(\boxed{1}-\frac{x^2}{1^2\pi^2}\right)\left(1\boxed{-\frac{x^2}{2^2\pi^2}}\right)\left(\boxed{1}-\frac{x^2}{3^2\pi^2}\right)\cdots\cdots \longrightarrow -\frac{1}{2^2\pi^2}x^2$$

$$\left(\boxed{1}-\frac{x^2}{1^2\pi^2}\right)\left(\boxed{1}-\frac{x^2}{2^2\pi^2}\right)\left(1\boxed{-\frac{x^2}{3^2\pi^2}}\right)\cdots\cdots \longrightarrow -\frac{1}{3^2\pi^2}x^2$$

左辺のこれら「x^2 の同類項」をまとめた上で，その係数を p146 の右辺（下の方）の x^2 の係数と比べます．

すると，「バーゼル問題」の値が，次のように出てきます．

$$-\frac{1}{1^2\pi^2}-\frac{1}{2^2\pi^2}-\frac{1}{3^2\pi^2}-\cdots\cdots-\frac{1}{n^2\pi^2}-\cdots\cdots=-\frac{1}{3!}$$

$$-\frac{1}{\pi^2}\left(\frac{1}{1^2}+\frac{1}{2^2}+\frac{1}{3^2}+\cdots\cdots+\frac{1}{n^2}+\cdots\cdots\right)=-\frac{1}{6}$$

$$\frac{1}{1^2}+\frac{1}{2^2}+\frac{1}{3^2}+\cdots\cdots+\frac{1}{n^2}+\cdots\cdots=\boxed{\frac{\pi^2}{6}}$$

オイラーは，よほど思い入れがあったのでしょうか．その生涯で，「バーゼル問題」を 4 通りの方法で解いたといわれています．

◆拡張ファレイ数列

バーゼル問題の値は $\frac{\pi^2}{6}$ です．これはとても有名です．

n 番目のファレイ数列の項数は，$n^2 \times \frac{3}{\pi^2}$ に近づくという話でした．こちらは……，さほど有名ではないようです．

でも，この値を何かで（参考文献 [5] p 174 等で）知ってしまうと，誰だって気になってきます．$\frac{3}{\pi^2}$ を 2 倍すれば，ちょうどバーゼル問題の $\frac{\pi^2}{6}$ の逆数になる……と．

$$\frac{n \, 番目のファレイ数列の項数}{n^2} \times 2 \quad \longrightarrow \quad \frac{6}{\pi^2}$$

$$\frac{1}{1^2} + \frac{1}{2^2} + \frac{1}{3^2} + \cdots + \frac{1}{n^2} \quad \longrightarrow \quad \frac{\pi^2}{6}$$

（ここで「→」は「$n \to \infty$」のとき）

そこで，ファレイ数列を（ほぼ **2 倍**に）拡張することにしましょう．

分子と分母を入れかえた分数を，$\frac{1}{1}$ で対称になるように追加するのです．ただし $\frac{0}{1}$ を $\frac{1}{0}$ とするわけにもいかないので，初項の $\frac{0}{1}$ は削除します．（1 個減っても大勢に影響しません．）

たとえば 4 番目の**拡張ファレイ数列**は，次のようになりま

す.（「拡張……」は，ここだけでの用語です.）

$$\frac{\cancel{0}}{1}, \frac{1}{4}, \frac{1}{3}, \frac{1}{2}, \frac{2}{3}, \frac{3}{4}, \boxed{\frac{1}{1}}$$

$$\Downarrow$$

$$\frac{1}{4}, \frac{1}{3}, \frac{1}{2}, \frac{2}{3}, \frac{3}{4}, \boxed{\frac{1}{1}}, \frac{4}{3}, \frac{3}{2}, \frac{2}{1}, \frac{3}{1}, \frac{4}{1}$$

$$\longleftarrow \qquad\qquad\qquad\qquad\qquad\longrightarrow$$

　こうして作った拡張ファレイ数列も，（逆数にしただけなので，p30 より）隣り合う既約分数が並んでいます．

　さて n 番目の拡張ファレイ数列の項数はどうなるのでしょうか．それはファレイ数列の項数のおよそ 2 倍です．初項の $\frac{0}{1}$ を削除し，$\frac{1}{1}$ は 1 個だけなので，キッチリ 2 倍とはいきませんが，「$n \to \infty$」としたときの値には影響しません．

$$\frac{n \text{ 番目のファレイ数列の項数}}{n^2} \times 2 \quad \longrightarrow \quad \frac{6}{\pi^2}$$

$$\Downarrow$$

$$\frac{n \text{ 番目の\textbf{拡張}ファレイ数列の項数}}{n^2} \quad \longrightarrow \quad \frac{6}{\pi^2}$$

　これから（上記の）下の方を見ていきます．

　まずは分子の「n 番目の拡張ファレイ数列の項数」です．

　n 番目の拡張ファレイ数列は，分母だけでなく分子も n 以

下です．（項数を問題としているので）単なる集合としては，分子も分母も n 以下の**既約分数**の集まりです．項数は，その集合に入っている分数の個数です．

さて分母の「n^2」ですが，この「n^2」をどう解釈したらよいのでしょうか．

$\dfrac{b}{a}$ を (a, b) に対応させてみると，a が n 通り，b も n 通りで，全部で $n \times n = n^2$ 個です．つまり「n^2」は，「分子も分母も n 以下の（既約分数とは限らない）分数」の個数です．

こうなると（p 149 の）下の方は，次のように解釈できます．

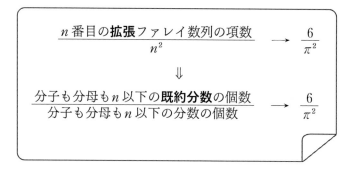

この下の方（の左側）ですが，n が大きくなると，「ある分数が既約分数である確率」に近づいていきます．……ということで，最終的に（下記の）下の方を示すことに帰着しました．

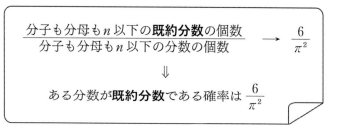

◆既約分数である確率

「分数 $\dfrac{b}{a}$ が既約分数となる確率」は何分の何でしょうか.

(参考文献 [7] 参照)

まずは,「$\dfrac{b}{a}$ の a と b が素数 p で割り切れる確率」(素数 p で約分できる確率)を考えてみましょう.

p で割り切れる数, つまり p の倍数は, 1, 2, $\cdots$, $\boldsymbol{p}$, $p+1$, $p+2$, $\cdots p+\boldsymbol{p}(=2p)$, というように p 個に 1 個の割合で出てきます.

すると, まず「a が p で割り切れる確率」は $\dfrac{1}{p}$ です. さらに「b も p で割り切れる」となると, その確率はそのまた $\dfrac{1}{p}$ に減って, $\dfrac{1}{p}\times\dfrac{1}{p}=\dfrac{1}{p^2}$ となります. つまり「a も b も素数 p で割り切れる確率」は $\dfrac{1}{p^2}$ です.

(その余事象の)「$\dfrac{b}{a}$ の a も b も素数 p で割り切れない確率」(素数 p で約分できない確率)は,(100 パーセントに相当する)確率 1 から $\dfrac{1}{p^2}$ を引いた $\left(1-\dfrac{1}{p^2}\right)$ となります.

さて $\dfrac{b}{a}$ が既約分数であるのは, 分子と分母が 2 でも, 3 でも, どんな素数 p でも割り切れない(約分できない)場合です. 2 で割り切れない段階で確率は $\left(1-\dfrac{1}{2^2}\right)=\dfrac{3}{4}$ となり, さ

らに 3 でも割り切れないとなると，そのまた $\left(1-\dfrac{1}{3^2}\right)=\dfrac{8}{9}$ に

減って $\left(1-\dfrac{1}{2^2}\right)\left(1-\dfrac{1}{3^2}\right)=\dfrac{3}{4}\times\dfrac{8}{9}=\dfrac{2}{3}$ となり，……といった

具合に（1 より小さい分数をかけていって）確率はどんどん小さくなっていきます．ちなみに 2 で割り切れるか否かと，3 で割り切れるか否かとは，お互いに何の関係もありません．（独立な事象です.）

《既約分数である確率》

「ある分数が既約分数である確率」は，

$$\prod_{p}\left(1-\frac{1}{p^2}\right)=\left(1-\frac{1}{2^2}\right)\left(1-\frac{1}{3^2}\right)\left(1-\frac{1}{5^2}\right)\cdots\cdots$$

ここで $\displaystyle\prod_{p}\square$ は素数 p にわたる積です．

問題は，この値が $\dfrac{6}{\pi^2}$ となっているかどうかですね．

◆オイラー積

上記の逆数

$$\prod_{p}\frac{1}{1-\dfrac{1}{p^2}}=\frac{1}{\left(1-\dfrac{1}{2^2}\right)}\frac{1}{\left(1-\dfrac{1}{3^2}\right)}\frac{1}{\left(1-\dfrac{1}{5^2}\right)}\cdots\cdots$$

は，次の**オイラー積**の $x=2$ の場合です．

オイラーは，次の等式を発見しました．（右辺が**オイラー積**）

$$\frac{1}{1^x}+\frac{1}{2^x}+\frac{1}{3^x}+\cdots\cdots=\prod_p\frac{1}{1-\dfrac{1}{p^x}}\quad(x>1)$$

この等式の $x=2$ の場合は，次の通りです．

$$\frac{1}{1^2}+\frac{1}{2^2}+\frac{1}{3^2}+\cdots\cdots=\frac{1}{\prod_p\left(1-\dfrac{1}{p^2}\right)}$$

ようやく話が繋がってきましたね．

左辺は「バーゼル問題」で，その値は $\dfrac{\pi^2}{6}$ です．右辺は「ある分数が既約分数である確率」$\prod_p\left(1-\dfrac{1}{p^2}\right)$ の逆数です．

$$\frac{\pi^2}{6}=\frac{1}{\prod_p\left(1-\dfrac{1}{p^2}\right)}$$

この両辺の逆数をとれば，「ある分数が既約分数である確率」$\prod_p\left(1-\dfrac{1}{p^2}\right)$ は $\dfrac{6}{\pi^2}$ と分かります．

これで n 番目の拡張ファレイ数列の項数は，全部で n^2 個ある（分子も分母も n 以下の）分数の約 $\dfrac{6}{\pi^2}$ だけあることになり，およそ $n^2\times\dfrac{6}{\pi^2}$ 個だと分かりました．

（拡張する前の）n 番目のファレイ数列の項数は，（この約半分で）およそ $n^2 \times \dfrac{3}{\pi^2}$ 個です．

n 番目の "分母の数列" の項数は，（さらにこの約半分で）およそ $n^2 \times \dfrac{3}{2\pi^2}$ 個となります．

《各数列の項数》

n 番目の各数列の（n が大きいときの）およその項数は

拡張ファレイ数列の項数 …… $n^2 \times \dfrac{6}{\pi^2}$ （個）

ファレイ数列の項数 …… $n^2 \times \dfrac{3}{\pi^2}$ （個）

"分母の数列" の項数 …… $n^2 \times \dfrac{3}{2\pi^2}$ （個）

各数列の項数に円周率 π が現れるのは，バーゼル問題を通して円関数に結びついていたからなのですね．

◆素因数分解の一意性

それでは，p 153 の**オイラー積**に関する等式を見ていきましょう．

この等式は，（厳密な議論を抜きにすると）順序を除けば 1 通りに素因数分解できるという，**素因数分解の一意性**そのものです．

まず，次の（無限等比級数の）公式で，

$$\frac{1}{1-t} = 1+t+t^2+t^3+t^4+t^5+\cdots\cdots \quad (|t|<1)$$

$t = \dfrac{1}{p^x} \ (x>1)$ とします．すると p 153 の右辺の**オイラー積**は，

$$\frac{1}{1-\dfrac{1}{2^x}} \cdot \frac{1}{1-\dfrac{1}{3^x}} \cdot \frac{1}{1-\dfrac{1}{5^x}} \cdots\cdots$$

$$= \left(1+\frac{1}{2^x}+\frac{1}{2^{2x}}+\cdots\right)\left(1+\frac{1}{3^x}+\frac{1}{3^{2x}}+\cdots\right)\left(1+\frac{1}{5^x}+\cdots\right)\cdots$$

となり，これを展開すると次のような項が出てきます．

$$\left(\boxed{1}+\frac{1}{2^x}+\frac{1}{2^{2x}}+\cdots\right)\left(\boxed{1}+\frac{1}{3^x}+\cdots\right)\left(\boxed{1}+\frac{1}{5^x}+\cdots\right)\cdots \longrightarrow \frac{1}{1^x}$$

$$\left(1+\boxed{\frac{1}{2^x}}+\frac{1}{2^{2x}}+\cdots\right)\left(\boxed{1}+\frac{1}{3^x}+\cdots\right)\left(\boxed{1}+\frac{1}{5^x}+\cdots\right)\cdots \longrightarrow \frac{1}{2^x}$$

$$\left(\boxed{1}+\frac{1}{2^x}+\frac{1}{2^{2x}}+\cdots\right)\left(1+\boxed{\frac{1}{3^x}}+\cdots\right)\left(\boxed{1}+\frac{1}{5^x}+\cdots\right)\cdots \longrightarrow \frac{1}{3^x}$$

$$\left(1+\frac{1}{2^x}+\boxed{\frac{1}{2^{2x}}}+\cdots\right)\left(\boxed{1}+\frac{1}{3^x}+\cdots\right)\left(\boxed{1}+\frac{1}{5^x}+\cdots\right)\cdots \longrightarrow \frac{1}{4^x}$$

$$\left(\boxed{1}+\frac{1}{2^x}+\frac{1}{2^{2x}}+\cdots\right)\left(\boxed{1}+\frac{1}{3^x}+\cdots\right)\left(1+\boxed{\frac{1}{5^x}}+\cdots\right)\cdots \longrightarrow \frac{1}{5^x}$$

$$\left(1+\boxed{\frac{1}{2^x}}+\frac{1}{2^{2x}}+\cdots\right)\left(1+\boxed{\frac{1}{3^x}}+\cdots\right)\left(\boxed{1}+\frac{1}{5^x}+\cdots\right)\cdots \longrightarrow \frac{1}{6^x}$$

素因数分解の一意性というのは，たとえば 6 でいうと，$6 = 2 \times 3$ のように（必ず）素因数分解され，しかも順序を除けば 1 通りということです．この場合でいうなら，$\dfrac{1}{6^x}$ は（p 155 のように）$\dfrac{1}{2^x}$ と $\dfrac{1}{3^x}$ をかけ算することで（必ず）出てきて，しかも他からは（もう）出てこないのです．

つまり次のように展開されるのは，（厳密な議論を抜きにすると）素因数分解の一意性そのものだというわけです．

$$\frac{1}{1-\dfrac{1}{2^x}} \cdot \frac{1}{1-\dfrac{1}{3^x}} \cdot \frac{1}{1-\dfrac{1}{5^x}} \cdots\cdots$$

$$= \left(1 + \frac{1}{2^x} + \frac{1}{2^{2x}} + \cdots\right)\left(1 + \frac{1}{3^x} + \frac{1}{3^{2x}} + \cdots\right)\left(1 + \frac{1}{5^x} + \cdots\right)\cdots$$

$$= \frac{1}{1^x} + \frac{1}{2^x} + \frac{1}{3^x} + \frac{1}{4^x} + \frac{1}{5^x} + \frac{1}{6^x} + \cdots\cdots$$

p 153 の（オイラーの）等式は，この左辺（上の式）と右辺（下の式）を入れかえたものです．

● コラム ●
「傾き」とルイス・キャロル

　道路標識では，勾配を「角度」ではなく「％」（パーセント）で表しています．

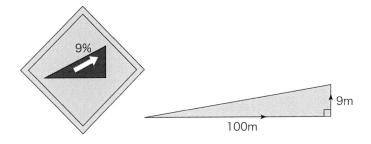

　もし水平に 100 m進んだとしたら，何m上った（下った）ことになるのか，という数値です．「9 ％」なら（100 m進んだら 9 m上がる）傾き $\dfrac{9}{100}$ の 9 です．

【問】傾き $\dfrac{1}{3}$ となる角度 α と，傾き $\dfrac{1}{2}$ となる角度 β を，合わせた角度 $\alpha+\beta$ の傾きはどれだけでしょうか．

　高校生なら，一発で分かりますよね．「**傾き**」ときたら「**タンジェント**」です．

$\tan\alpha = \dfrac{1}{3}$, $\tan\beta = \dfrac{1}{2}$ のとき，

$$\tan(\alpha+\beta) = \frac{\tan\alpha + \tan\beta}{1 - \tan\alpha \times \tan\beta}$$

$$= \frac{\dfrac{1}{3} + \dfrac{1}{2}}{1 - \dfrac{1}{3} \times \dfrac{1}{2}} = \frac{2+3}{6-1} = \frac{5}{5} = 1$$

角度 $\alpha+\beta$ の傾きは，1 行って 1 上がる　傾き 1　です．ち

なみに $\alpha+\beta = 45°$ です．

　オイラーは，これを次のような図で示しました．これなら

小学生にも分かりますね．（参考文献 [6] $p\,261$）

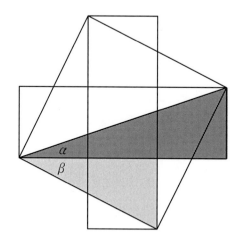

それではオイラーに習って，図を用いて考えてみましょう．

【問】傾き $\dfrac{1}{3}$ となる角度 α と，傾き $\dfrac{1}{7}$ となる角度 γ を，合わせた角度 $\alpha+\gamma$ の傾きはいくらでしょうか．

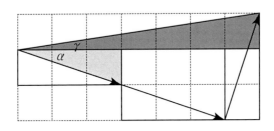

上の図から，傾きは $\boxed{\dfrac{1}{2}}$ ですね．

それでは，次の問題はどうでしょうか．

【問】傾き $\dfrac{1}{3}$ となる角度 α の 2 倍と，傾き $\dfrac{1}{7}$ となる角度 γ を，合わせた角度 $2\alpha+\gamma$ の傾きはいくらでしょうか．

前問では，傾き $\dfrac{1}{3}$ となる角度 α と，傾き $\dfrac{1}{7}$ となる角度 γ を，合わせた角度 $\alpha+\gamma$ の傾きは $\dfrac{1}{2}$ でした．傾き $\dfrac{1}{2}$ となる角度を β とすると，$\beta=\alpha+\gamma$ です．

前々問では，傾き $\dfrac{1}{3}$ となる角度 α と，傾き $\dfrac{1}{2}$ となる角度

β を，合わせた角度 $\alpha+\beta$ の傾きは 1 でした．つまり，角度 $\alpha+\beta = \alpha+(\alpha+\gamma) = 2\alpha+\gamma$ の傾きは $\boxed{1}$ です．

オイラーはこの他にも，（合わせた角度の傾きが 1 となるような）いくつかの発見をしています．（参考文献 [5] $p\,261$）

それらの結果を，（45° を**弧度法**で表すと $\dfrac{\pi}{4}$ であることから）円周率 π を求めるのに役立てたようです．

ところで，この話には続きがあります．（参考文献 [5] $p\,263$）

座標平面ではなく，**複素数平面**で考えるのです．

傾き $\dfrac{1}{3}$ となる角度 α は，3 行って 1 上がったところにある複素数 $3+1i$ の**偏角**です．傾き $\dfrac{1}{2}$ となる角度 β は，2 行って 1 上がったところにある複素数 $2+1i$ の**偏角**です．

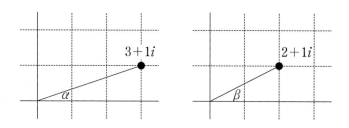

それでは，合わせた角度 $\alpha+\beta$ を偏角にもつ複素数は何でしょうか．

そうですね．これらの積 $(3+1i)(2+1i)$ です．複素数において，「**積**の偏角は，偏角の**和**」となっていました．

$$(3+i)(2+i) = 6+3i+2i+i^2$$
$$= 6+3i+2i+(-1)$$
$$= 5+5i$$

積 $(3+i)(2+i) = 5+5i$ は，5 行って 5 上がったところにある複素数です．傾きは $\dfrac{5}{5} = 1$ です．

それでは 2 つ目の問題を，（複素数を用いて）もう一度やってみましょう．

【問】傾き $\dfrac{1}{3}$ となる角度 α と，傾き $\dfrac{1}{7}$ となる角度 γ を，合わせた角度 $\alpha + \gamma$ の傾きはいくらでしょうか．

（複素数を用いて考えてみましょう．）

$$(3+i)(7+i) = 21+3i+7i+i^2 = 20+10i$$

傾きは $\dfrac{10}{20} = \boxed{\dfrac{1}{2}}$

いきなりですが，**ルイス・キャロル**を知っていますか．童話『不思議の国のアリス』の作者として有名ですが，じつは数学者でした．

数学者としては，p162 のような結果を発見しています．（参考文献 [6] p265）ちなみにルイス・キャロルというのはペンネームで，本名は**チャールズ・ラトウィッジ・ドジソン**です．

【問】 $n^2+1=cd$ のとき，傾き $\dfrac{1}{n+c}$ となる角度 α と，傾き $\dfrac{1}{n+d}$ となる角度 β を，合わせた角度 $\alpha+\beta$ の傾きはいくらでしょうか．

$$\{(n+c)+1i\}\{(n+d)+1i\}$$
$$=(n+c)(n+d)+(2n+c+d)i+i^2$$
$$=n^2+(c+d)n+\boldsymbol{cd}+(2n+c+d)i+(-1)$$
$$=n^2+(c+d)n+(\boldsymbol{n^2+1})-1+(2n+c+d)i$$
$$=2n^2+(c+d)n+(2n+c+d)i$$
$$=n(2n+c+d)+(2n+c+d)i$$

傾きは $\dfrac{(2n+c+d)}{n(2n+c+d)}=\boxed{\dfrac{1}{n}}$

《合わせると傾き $\dfrac{1}{n}$ 》

  $n^2+1=cd$ のとき，

傾き $\dfrac{1}{n+c}$ となる角度 α と，傾き $\dfrac{1}{n+d}$ となる角度 β を，

合わせた角度 $\alpha+\beta$ の傾きは $\dfrac{1}{n}$ （ルイス・キャロル）

このことを（記号 $\oplus$ を用いて）「$\dfrac{1}{n+c}\oplus\dfrac{1}{n+d}=\dfrac{1}{n}$」と表すことにします．（p176 の**排他的論理和**とは無関係です．）

$n=1$ のとき，$n^2+1=2=2\times1\ (c=2,\ d=1)$

$$\frac{1}{1+2}\oplus\frac{1}{1+1}=\frac{1}{1}\ \longrightarrow\ \frac{1}{3}\oplus\frac{1}{2}=1\ (最初の問)$$

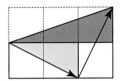

$n=2$ のとき，$n^2+1=5=5\times1\ (c=5,\ d=1)$

$$\frac{1}{2+5}\oplus\frac{1}{2+1}=\frac{1}{2}\ \longrightarrow\ \frac{1}{7}\oplus\frac{1}{3}=\frac{1}{2}\ (2つ目の問)$$

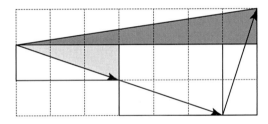

$n=3$ のとき，$n^2+1=10=5\times2\ (c=5,\ d=2)$

$$\frac{1}{3+5}\oplus\frac{1}{3+2}=\frac{1}{3}\ \longrightarrow\ \frac{1}{8}\oplus\frac{1}{5}=\frac{1}{3}$$

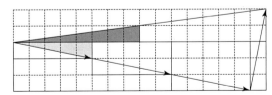

$n = 3$ のとき，　$n^2 + 1 = 10 = 10 \times 1 \ (c = 10, \ d = 1)$

$$\frac{1}{3+10} \oplus \frac{1}{3+1} = \frac{1}{3} \quad \longrightarrow \quad \frac{1}{13} \oplus \frac{1}{4} = \frac{1}{3}$$

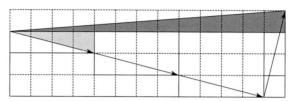

$n = 4$ のとき，　$n^2 + 1 = 17 = 17 \times 1 \ (c = 17, \ d = 1)$

$$\frac{1}{4+17} \oplus \frac{1}{4+1} = \frac{1}{4} \quad \longrightarrow \quad \frac{1}{21} \oplus \frac{1}{5} = \frac{1}{4}$$

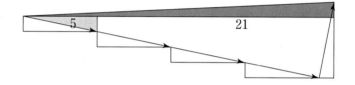

$n = 5$ のとき，　$n^2 + 1 = 26 = 13 \times 2 \ (c = 13, \ d = 2)$

$$\frac{1}{5+13} \oplus \frac{1}{5+2} = \frac{1}{5} \quad \longrightarrow \quad \frac{1}{18} \oplus \frac{1}{7} = \frac{1}{5}$$

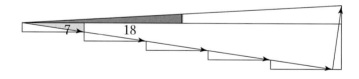

$n = 5$ のとき，　$n^2 + 1 = 26 = 26 \times 1 \ (c = 26, \ d = 1)$

$$\frac{1}{5+26} \oplus \frac{1}{5+1} = \frac{1}{5} \quad \longrightarrow \quad \frac{1}{31} \oplus \frac{1}{6} = \frac{1}{5}$$

第 4 章

コンピュータと RSA 暗号

$$\frac{1}{3}$$

コンピュータと RSA 暗号

◆パスワード

　自分のメールが，もし（送信相手ではない）誰か他の人に読まれたとしたら……．仮に実害はなくても，気分のよいものではありませんよね．

　大丈夫！　きっちり**パスワード**で守られているから……．

　でも（サーバに）保管されているパスワードが，もし流出したらどうでしょうか．

　大丈夫！（パスワードは）暗号化して（サーバに）保管されているはずだから……．

　そんなはずはありませんよね．もし（パスワードが）**暗号化**して保管してあったら，（サーバの）管理者は好き勝手に**復号化**して，みんなのメールを読むことができてしまいます．こ

うダメ押しされましたよね．パスワードを忘れたら最後，も
う誰もどうすることもできない……と．

　暗号は，元に戻せる，つまり**復号**できることが基本です．
これに対してパスワードは，（一方向）**ハッシュ関数**を用いて，
元に戻せない形で（サーバに）保管されているのです．

　ハッシュ関数は，元データを少し変えただけでも，似ても
似つかない値を出力します．このためハッシュ値から，逆に
元データを推測することはできないのです．改ざんを検知す
るには，ピッタリの関数ということですね．もっともコンピ
ュータの性能が上がるにつれて，安全性が担保されなくなり，
より新しいハッシュ関数へと変更されてきています．

　それならパスワードを入力すると，どうやって（正しいパス
ワードか否か）判別できるのでしょうか．

　簡単ですよね．パスワードが入力される度にハッシュ関数
にかけ，（ID と共にサーバに保管されている）ハッシュ値と比
較しているだけのことです．

　パスワードは，（容易に想像できないような）複雑なものにし
ようといわれます．アルファベット・数字・記号を，取り混
ぜて作ることが推奨されているのです．

　その理由も簡単です．そもそもハッシュ関数そのものは，
公開されています．そこで攻撃者は，よく使われるパスワー
ドをあらかじめハッシュ関数にかけ，出力データ（ハッシュ
値）と元のパスワードを対応させた一覧表を用意しているので
す．首尾よく（サーバから）流出させることに成功したら，そ
の一覧表の中から（コンピュータを使って）探し出します．同
じハッシュ値が見つかれば，それに対応する元のパスワード
も判明します．攻撃者は，その判明したパスワードを使って，

本人になりすますというわけです．「123456」や「password」などのよくあるパスワードとそのハッシュ値は，攻撃者の一覧表の中にあると思って間違いありません．

　サーバの管理者も，（たいていは）対策を講じています．**ソルト**（塩）と呼ばれる（ほんの少量の）データを，パスワードにくっつけてからハッシュ関数にかけるということが行われているのです．

　ハッシュ関数は，（パスワードなどの）元データが長かろうが短かろうが，一定の長さで出力します．

　「一定の長さ」となると，その可能性は有限です．つまり無限の可能性がある（パスワードなどの）元データに対して，ハッシュ関数が出力する値は有限なのです．こうなると，元データが異なっていても，出力データがたまたま一致するという可能性が出てきます．もっとも，その偶然の可能性は極めて小さいですが……．

◆万物は数である

　ピタゴラス教団の信条は，「万物は数である」というものでした．一方で，こんな逸話が残っています．ある電気機器メーカーの社長が「パソコンとは何をする機械か」とたずねたそうです．掃除をするとか，洗濯をするとか，物を冷やすとか，（個人が用いる際の）具体的な用途を期待して……．何しろ名前がパーソナル・コンピュータです．部下は返答に窮し，これで（日本の）パソコン開発が遅れたとのことです．このようなときは，「万能ものまね機」がよいとの結論だったように記憶しています．（社長が魅力的と判断するかは疑問ですが……．）

　暗号の話では，いきなり**数**が出てきて，これを暗号化しようと話が進んでいきます．おっと待ってくれ．私は（数ではなく）この極秘文書を暗号化したいのだけど，なんて思っていませんよね．

　文章だろうが，音楽や写真だろうが，「万能ものまね機」のコンピュータの中では，すべて数に変換されています．ここでいう数とは，**2 進法**の 0 と 1 で表された数です．コンピュータの世界では，まさしく「万物は数」なのです．先ほどのハッシュ関数に入力するパスワードなどのデータも，そのとき出力される値も，すべては数なのです．「一定の長さ」というのは，数を 2 進法（や後で見てみる 16 進法）で表したときの「**桁数**」のことです．

　暗号では，**シーザー暗号**が歴史的に有名です．これは（数ではなく）文字を文字に置きかえます．アルファベットを何文字かずらして，**暗号化**するものです．**復号化**するときは，同じ文字数だけ戻すことになります．

〈 暗号化 〉	〈 復号化 〉
$a \rightarrow z$	$z \rightarrow a$
$b \rightarrow a$	$a \rightarrow b$
$c \rightarrow b$	$b \rightarrow c$
……	……
$z \rightarrow y$	$y \rightarrow z$

【問】　シーザー暗号で，（−1）文字ずらして暗号化したら「**HAL**」が得られました．これを復号化すると何になるでしょうか．

（+1）文字ずらします．すると，H → I, A → B, L → M で，何と「　IBM　」になります．（これは有名な逸話です．）

暗号は，現在では主にコンピュータで用いられています．このため文字は，**文字コード（シフト JIS コード**や **Unicode** など）によって，すでに数に置きかわった段階から話を進めます．ちなみに文字コードが適切でないと，**文字化け**するので注意が必要でしたね．

〈 シフト JIS（16 進）〉　　〈 Unicode 〉
あ　→　82 A 0　　　　　あ　→　3042
い　→　82 A 2　　　　　い　→　3044
う　→　82 A 4　　　　　う　→　3046
……　　　　　　　　　……
ん　→　82 F 1　　　　　ん　→　3093

◆ 2 進法と 16 進法

「あ　→　82 A 0」や「ん　→　82 F 1」を見て，「あれっ」と思われたかもしれませんね．数に置きかえたというのに，文字も混じっているからです．

じつは A や F は，数を **16 進法**で表したときの，れっきとした**数字**なのです．

コンピュータでは，数を表すのに 2 進法が用いられています．でも「1000001010100000」（0 は低電圧，1 は高電圧）は，コンピュータにはよいかも知れませんが，人間には（目がチラチラして）たまったものではありません．

そこで **4 桁**ごとに区切ってまとめるにしたのです．ちなみに 2 進法での 1 桁を **1 ビット**といい，4 桁を 2 つ合わせ

た 8 桁, つまり 4×2 ＝ 8 ビット を **1 バイト** といいます.
「1000001010100000」は 4×4 ＝ 16 桁で, (8 ビットの 2 倍の)
2 バイトです.

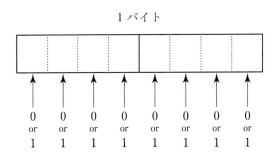

1 バイト

2 進法の 4 桁で表される数ですが, 1 桁なら「0, 1」の 2 通
り, 2 桁なら「00, 01, 10, 11」の 2×2 ＝ 4 通り, 4 桁なら
2×2×2×2 ＝ 16 通りあります.

そこで用いられるのが **16 進法** です. でも 16 進法となると,
16 個の **数字** が必要です.「0, 1, 2, 3, 4, 5, 6, 7, 8, 9」とい
う (10 進法の) 10 個の数字では足りません. そこで残る 6 個
の数字を,「A, B, C, D, E, F」としたのです. それぞれ 10 進
法での「10, 11, 12, 13, 14, 15」に相当する **数字** です. 先ほ
どの「82A0」や「82F1」の A や F は, 文字ではなくて (16 進
法の) 数字なのです.

2 進法での「1000001010100000」を 16 進法で表すと, 次の
ようになってきます.

ここで, 10 進法での「(1000 の位) (100 の位) (10 の位) (1
の位)」の位置は, 2 進法では「(8 の位) (4 の位) (2 の位) (1 の
位)」の位置となることに注意しましょう.

（4桁ごとに区切る）

「1000001010100000」　→　「1000001010100000」

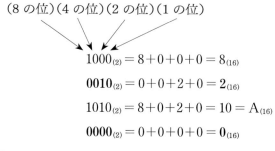

（8の位）（4の位）（2の位）（1の位）

$$1000_{(2)} = 8+0+0+0 = 8_{(16)}$$
$$0010_{(2)} = 0+0+2+0 = 2_{(16)}$$
$$1010_{(2)} = 8+0+2+0 = 10 = A_{(16)}$$
$$0000_{(2)} = 0+0+0+0 = 0_{(16)}$$

「1000001010100000」　→　「82A0」

　2進法で表したときの数「1000001010100000」は，16進法で表すと「82A0」となります.

　シフト JIS コード（16進）では，**半角文字**の「a」は「0061」（2バイト）で，1バイト目が00になっています. **全角文字**の「a」は「8281」（2バイト）で，1バイト目が00ではありません.

　これはコンピュータで扱えるのは（半角文字の）英数字とカタカナだけ，という過去の時代（1バイトの **JIS コード**の時代）を継承したためです.

【問】　「≡」は，シフト JIS コード（16進）では「81DF」です. この「81DF」を2進法で表すと，どうなるでしょうか.

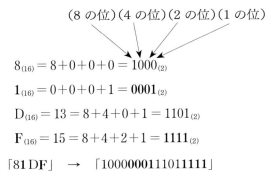

$$8_{(16)} = 8+0+0+0 = \mathbf{1000}_{(2)}$$
$$1_{(16)} = 0+0+0+1 = \mathbf{0001}_{(2)}$$
$$D_{(16)} = 13 = 8+4+0+1 = 1101_{(2)}$$
$$F_{(16)} = 15 = 8+4+2+1 = \mathbf{1111}_{(2)}$$

「81 DF」 → 「1000000111011111」

16 進法で表したときの数「81 DF」は, 2 進法で表すと

「 1000000111011111 」です.

◆ 2 進法と 10 進法

数を表すのに, コンピュータでは 2 進法や 16 進法が重要です. でも 10 進法になれた人間にとって, どれくらいの数なのか今一つピンときませんよね.

> 【問】2048 ビットで表された数を 10 進法で表すと, 何桁ぐらいになるでしょうか. ただし $\log_{10} 2 = 0.3010$ とする.

《 10 進法 》

0 から 9 までの $10 = 10^1$ 未満の数は, 1 桁です.

10 から 99 までの $10 = 10^1$ 以上 $100 = 10^2$ 未満の数は, 2 桁です.

(おおよその) **桁数**は, 10^x と表したときの x です.

《 **2 進法** 》（**ビット**は 2 進法で表したときの桁数）

1 桁の数（「0」，「1」）は，$2 = 2^1$ 未満の 0 から 1 までです．

2 桁の数（「10」，「11」）は，$2 = 2^1$ 以上 $4 = 2^2$ 未満の 2 から 3 までです．

3 桁の数（「100」，「101」，「110」，「111」）は，$4 = 2^2$ 以上 $8 = 2^3$ 未満の 4 から 7 までです．

2048 桁で表される数は，2^{2047} 以上 2^{2048} 未満ですが，（大きめに取って）2^{2048} ということにします．

そこでザックリと，「2^{2048} という数を 10^x と表したときの x は何か」という問題に置きかえて見てみます．

$$10^x = 2^{2048}$$

$$\left[\log_{10} 10^x = \log_{10} 2^{2048} \right]$$

$$x = 2048 \times \log_{10} 2$$

$$x = 2048 \times 0.3010$$

$$x = 616.448$$

結局，10 進法で表すと 617 桁ぐらい になります．

2048 ビットは 10 進法の 617 桁，というのは（RSA 暗号関連では）それなりに知られています．

でも知名度の高さでいうと，むしろ p76 で出てきた**キロ**です．コンピュータでの**キロ**は 1000 ではなく 1024 です．$1024 = 2^{10}$ です．これを $1000 \fallingdotseq 2^{10}$ つまり $10^3 \fallingdotseq 2^{10}$ とみなせば，2^{2048} は $2^{2048} \fallingdotseq 2^{10} \times 2^{10} \times \cdots \times 2^{10}$（$2048 \div 10 \fallingdotseq 205$ 個）となり，$2^{2048} \fallingdotseq 10^3 \times 10^3 \times \cdots \times 10^3$（205 個）から，10 進法では約 $3 \times 205 = 615$ 桁となります．

（$10^3 \fallingdotseq 2^{10}$ ということは，$\log_{10} 2 = 0.3$ としただけです．）

それにしても，10 進法でもピンとこない大きさですよね．

400 字詰め原稿用紙のマス目に，0 から 9 の数を 1 枚半ほど並べてみると（どんな大きさの数を扱っているのか）実感できるかも知れません．

RSA 暗号では，**2048 ビット**で表される素数を 2 個かけ算します．このかけ算は簡単ですが，逆の素因数分解は難しいですね……と（こともなげに）続きます．コンピュータって凄いですね．

◆共通鍵暗号

家の財産を（泥棒から）守るために，玄関には鍵をかけます．文書等のデータを（盗聴者から）守ろうと暗号化する際にも，**鍵**が重要になってきます．

シーザー暗号では，アルファベットを何文字かずらして暗号化しました．このときの文字数が**鍵**です．復号化するときは，同じ文字数だけ戻しました．つまり暗号化するときと，復号化するときの鍵は同一です．

このように，暗号化と復号化で同じ鍵を使う暗号は，**共通鍵暗号**とか**対称暗号**と呼ばれています．

元データ（**平文**）を暗号化するとき，長いデータを一気に暗号化するわけではありません．長いデータは，（128 ビット等の）一定の長さのブロックに切り分けてから，それぞれのブロックを暗号化します．

ブロックに分けていったとき半端が出たらどうするかという**パディング**（詰め物）については，ここでは省略させていただきます．

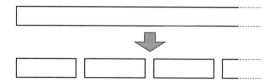

　このとき各ブロックを，そのまま暗号化するのは危険です．元ブロックが同じなら，暗号ブロックも同じとなり，そこから逆に元データが判明する危険があるからです．
　このため2つ目の元ブロックは，（暗号化して出力された）1つ目の暗号ブロックと **XOR** を取ってから暗号化し，3つ目の元ブロックは，そのまた2つ目の暗号ブロックと XOR を取ってから暗号化する，といった工夫がなされています．

　ここで**XOR** は，**排他的論理和**（eXclusive OR）と呼ばれる演算です．
　普通の和（たし算）との違いは，1＋1＝0 となることです．1を真，0を偽としたとき，通常の **OR** はどちらか片方でも真なら真です．両方真なら（ますます？）真です．でも排他的となると，どちらか片方だけが真のとき真とするのです．

　XOR の（好都合な）特徴は，もう一度（**同じ数と**）排他的論理和（下記で ⊕ と記した和）を取ると元に戻ることです．暗号は，元に戻せることが基本でしたね．

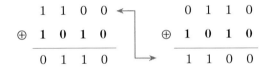

```
  1 1 0 0  ←┐      0 1 1 0
⊕ 1 0 1 0   │    ⊕ 1 0 1 0
  ─────────  │      ─────────
  0 1 1 0   └→      1 1 0 0
```

```
  1 1 0 0  ──⊕─→  0 1 1 0
  1 1 0 0  ←─⊕──  0 1 1 0
```

　共通鍵暗号を用いる利点は，処理速度が速いことです．このため（共通鍵暗号で用いる）鍵の受け渡しだけを（後ほど見ていく）**公開鍵暗号**で行い，暗号化そのものは共通鍵暗号で行うという**ハイブリッド方式**も用いられています．

◆ガウスの時計算

　3 をたしたら，3 を引けば元に戻ります．5 をかけたら，5 で割れば元に戻ります．玄関にかける鍵だって，閉めるときと開けるときで同じ鍵を使っています．ただ回す向きが逆というだけです．

　そんなの常識……とは限りません．たとえば，**ガウスの時計算**です．あの「余りの世界」（**mod** の世界）での計算です．

　普通の時計算は，「12 で割った余りの世界」です．

　ただし，余り 0 は 12 と表示されています．12 を指した針を見て，0 時ということもありますよね．

　また時計の針は長針と短針の 2 本ですが，ガウスの時計算では針は 1 本しか用いません．

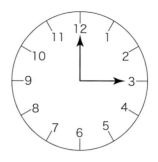

　例として，「13 で割った余りの世界」（mod 13 の世界）を考えてみましょう．

　元データを 5 とします．7 たして暗号化すると，12 になります．

　さて暗号化された 12 を，元の 5 に戻す（復号化する）には，どうすればよいのでしょうか．

　7 たしたのだから，7 引けば元に戻ります．針を逆に回すのです．7 たして 7 引くので，このときの鍵は 7 で同一です．

　でも他にも，5 に戻す方法がありますよね．

　そうです．6 をたすのです．針を，さらに 6 だけ回すのです．$12+6=18 \equiv 5 \pmod{13}$ となり，元の 5 に戻ります．

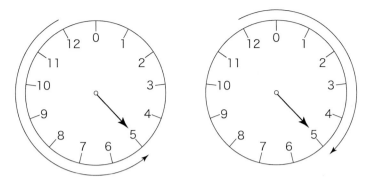

　7 たして暗号化したのを，6 たして復号化したので，このと
きの鍵（7 と 6）は異なっています．もっとも暗号鍵が 7 のと
き復号鍵が 6 というのは，すぐにバレます．7 引くのは -7
です．ところが「mod 13 の世界」では，$-7 \equiv 6 \ (\mathrm{mod}\, 13)$　な
のです．

◆フェルマー素数と鍵

　ホテルに泊まるとき，部屋の**鍵**の開け方・閉め方が分から
ないと困りますよね．（もちろん，最初に使い方を説明してく
れます．）

　これから見ていく RSA 暗号での**鍵**の開け方・閉め方は，ど
ちらも同じで（余りの世界で）「何乗かする」というものです．
たとえば**公開鍵** e は（どうせ公開するので「何乗か」しやすい
数がよく），よく用いられるのは次の素数です．

$$e = 3,\ 5,\ 17,\ 257,\ 65537$$

これらは**フェルマー素数**と呼ばれていて，次のようになっています.

$$3 = 2^1 + 1 = 2^{2^0} + 1$$
$$5 = 2^2 + 1 = 2^{2^1} + 1$$
$$17 = 2^4 + 1 = 2^{2^2} + 1$$
$$257 = 2^8 + 1 = 2^{2^3} + 1$$
$$65537 = 2^{16} + 1 = 2^{2^4} + 1$$

フェルマー数 $2^{2^n} + 1$ は，この先もずっと素数が続くのではないかと（フェルマーは）予想しました．ところが**オイラー**は，その次のフェルマー数 $2^{2^5} + 1$ は素数ではない，と予想をくつがえしてしまったのです．1732 年のことです.

$$2^{2^5} + 1 = 2^{32} + 1 = 4294967297$$
$$= 641 \times 6700417$$

しかもその後は，何と $\underline{2^{2^n} + 1\ (n > 4)\ \text{のフェルマー素数は,}}$ $\underline{1\,\text{つも見つかっていない}}$のです.

◆べき乗（累乗）の計算

それでは**公開鍵** $e = 17$ として，（「mod 299 の世界」で）鍵を使って「何乗かする」**べき乗**（累乗）の計算をしてみましょう．この場合は，計算しやすいことを実感してみます．（$n = 299$ に関しては p69 参照）

次の問では，p191 の**元データ** m を $m = 9$ としています.

【問】 $9^{17} \equiv c \pmod{299}$ となる c $(0 < c < 299)$ を求めましょう.

まず, $17 = 16 + 1$ に着目して, 9^{17} を次のようにします.

$$9^{17} = 9^{16+1} = 9^{16} \times 9^1$$

ここで 9^{16} を先に計算するのですが, 9 を「2乗」して, それを「2乗」して, また「2乗」して, またまた「2乗」して, 合計「16乗」していきます.

$$9^2 = 81$$
$$81^2 = 6561 \equiv 282 \pmod{299}$$
$$282^2 = 79524 \equiv 289 \pmod{299}$$
$$289^2 = 83521 \equiv 100 \pmod{299}$$

したがって,

$$9^{17} = 9^{16} \times 9^1 \equiv 100 \times 9 = 900 \equiv 3 \pmod{299}$$

となり, $\boxed{c = 3}$ と求まりました.

この問から分かるように, 「2乗」して「2乗」して……となってくるのが, 計算しやすさのポイントです. 公開鍵 e は素数である必要はなく, (推奨されているかどうかは別として) $2^n + 1$ でも (計算しやすいことに) 変わりありません.

$$2^1 + 1 = 3 \quad (\text{フェルマー素数})$$
$$2^2 + 1 = 5 \quad (\text{フェルマー素数})$$
$$2^3 + 1 = 9 = 3 \times 3$$
$$2^4 + 1 = 17 \quad (\text{フェルマー素数})$$

$$2^5 + 1 = 33 = 3 \times 11$$

$$2^6 + 1 = 65 = 5 \times 13$$

$$2^7 + 1 = 129 = 3 \times 43$$

$$2^8 + 1 = 257 \quad （フェルマー素数）$$

$$2^9 + 1 = 513 = 3 \times 3 \times 3 \times 19$$

$$2^{10} + 1 = 1025 = 5 \times 5 \times 41$$

もっとも（今回の場合は），「3, 9, 33, 129, 513」を公開鍵 e として使うことはできません．これらは $\ell = 132 = 2 \times 2 \times 3 \times 11$ と互いに素ではないからです．（$\ell = 132$ に関しては p69 参照）

さて公開鍵は計算しやすいに越したことはありませんが，秘密鍵となると話は別です．簡単すぎたり，計算しやすかったりすると，それは攻撃者にとっても（当たりをつけて）破りやすくなるからです．（公開鍵から求めた）秘密鍵がそうなってしまった場合は，公開鍵を変更した方がよさそうです．

まずは公開鍵を $e = 17$ としたときの，秘密鍵 d を求めておきましょう．（問の $\ell = 132$ に関しては p69 参照）

【問】　$e = 17$ のとき，次をみたす d を求めましょう．

$$ed \equiv 1 \pmod{132} \quad (0 < d < 132)$$

これまで通り，p66 の漸化式を用います．

そのために，まずは（132 と 17 で）ユークリッドの互除法を行います．$\ell = 132$ と $e = 17$ は互いに素なので，余りに 1 が出てきます．

$$132 \div 17 = 7 \quad 余り \quad 13 \quad (q_1 = 7)$$
$$17 \div 13 = 1 \quad 余り \quad 4 \quad (q_2 = 1)$$
$$13 \div 4 = 3 \quad 余り \quad 1 \quad (q_3 = 3)$$

3回の割り算で余り1が出たので，p66 の漸化式で y_3 を求めていきます．

まず（初期値ですが）$y_0 = 1$ で，$q_1 = 7$ から，

$$y_1 = -q_1 = -7$$

次に $q_2 = 1$ から，

$$y_2 = y_0 - y_1 q_2 = 1 - (-7) \times 1 = 8$$

最後に $q_3 = 3$ から，

$$y_3 = y_1 - y_2 q_3 = (-7) - 8 \times 3 = -31$$

これで 17 の逆数は (-31) と求まりました．負の数で求まったので，$\mod 132$ の 132 をたして $(-31) + 132 = 101$ と正にします．$\boxed{d = 101}$ です．

確かに，$ed = 17 \times 101 = 1717 \equiv 1 \pmod{132}$ となっていますね．

それでは前問で求まった $c = 3$ を，$d = 101$ 乗してみましょう．p191 の**暗号文 c** を，$c = 3$ とするのです．（こちらのべき乗（累乗）の計算は面倒です．）

【問】　$3^{101} \equiv m' \pmod{299}$ となる m' $(0 < m' < 299)$ を求めましょう．

まず，3^{101} の 101 を 2 で割っていくと，次の通りです．

$$
\begin{array}{r}
2)\underline{101} \\
2)\underline{\ 50} \cdots 1 \\
2)\underline{\ 25} \cdots 0 \\
2)\underline{\ 12} \cdots 1 \\
2)\underline{\ \ 6} \cdots 0 \\
2)\underline{\ \ 3} \cdots 0 \\
\underline{\ \ 1} \cdots 1
\end{array}
$$

←　$101 \div 2 = 50$　余り　1

←　$50 \div 2 = 25$　余り　0

←　$25 \div 2 = 12$　余り　1

←　$12 \div 2 = 6$　余り　0

←　$6 \div 2 = 3$　余り　0

←　$3 \div 2 = 1$　余り　1

101 を **2 進法**で表すと，じつは（上記を下からたどった）「$\underline{1}100101$」となります．つまり，次のようになります．

$$101 = \underline{1} \cdot 64 + 1 \cdot 32 + 0 \cdot 16 + 0 \cdot 8 + 1 \cdot 4 + 0 \cdot 2 + 1$$

上の式は，次の式の最後を展開すれば出てきます．

$$
\begin{aligned}
101 &= 2 \cdot 50 + 1 \\
&= 2 \cdot (2 \cdot 25 + 0) + 1 \\
&= 2 \cdot (2 \cdot \{2 \cdot 12 + 1\} + 0) + 1 \\
&= 2 \cdot (2 \cdot \{2 \cdot (2 \cdot 6 + 0) + 1\} + 0) + 1 \\
&= 2 \cdot (2 \cdot \{2 \cdot (2 \cdot \{2 \cdot 3 + 0\} + 0) + 1\} + 0) + 1 \\
&= 2 \cdot (2 \cdot \{2 \cdot (2 \cdot \{2 \cdot (2 + 1) + \mathbf{0}\} + 0) + 1\} + 0) + 1
\end{aligned}
$$

たとえば（上の式の）最初の 1（$(2+1)$ の 1）は，$(2+1)$ の前に 2 が 5 個あるので $2 \cdot 2 \cdot 2 \cdot 2 \cdot 2 = 32$ となり，展開すると「$101 = \underline{1} \cdot 64 + 1 \cdot 32 + 0 \cdot 16 + 0 \cdot 8 + 1 \cdot 4 + \mathbf{0} \cdot 2 + 1$」の「$1 \cdot 32$」となります．括弧の内側にあるほど（2 を多くかけ算することになり）「位」が高くなります．

　他も同様にして，「$1\cdot32+0\cdot16+0\cdot8+1\cdot4+0\cdot2+1$」まで
は出てきます．一番高い「位」の「$1\cdot64$」は，（上の式の）2 を
全部かけた $2\cdot2\cdot2\cdot2\cdot2\cdot2=\underline{1}\cdot64$ から出たものです．つまり
「$\underline{1}100101$」の $\underline{1}$ だけは，余りとは無関係です．p 184 の計算を
見ても，この $\underline{1}$ は余りではなかったですね．ちなみに，この
$\underline{1}$ は（以下の計算で）用いることはありません．

　それでは 3 を（内側から）「括弧の中の数」乗して，それを
299 で割った余りに置きかえていき，3^{101} を計算しましょう．

　このとき，たとえば $\{2\cdot(2\cdot\{2\cdot(2+1)+0\}+0)+1\}$ の（右端の）
ように余りに 1 が出てきたら，$\{\ \}$ の中の $\underline{(2\cdot\{2\cdot(2+1)+0\}+0)}$
を q と置けば $2q+1$ となります．すると 3 の「$2q+1$」乗 は，
$3^{2q+1}=(3^q)^2\cdot3$ ということで，（2 乗の他に）3 倍が追加されて
いきます．（先頭の 1 は余りと無関係です．）

$$\lceil\underline{1}100101\rfloor \Rightarrow \quad 3^2\cdot3 = \qquad 27$$
$$\lceil1\underline{1}00101\rfloor \Rightarrow \qquad 27^2 = \quad 729 \equiv 131 \ (\mathrm{mod}\,299)$$
$$\lceil11\underline{0}0101\rfloor \Rightarrow \quad 131^2 = 17161 \equiv 118 \ (\mathrm{mod}\,299)$$
$$\lceil110\underline{0}101\rfloor \Rightarrow 118^2\cdot3 = 41772 \equiv 211 \ (\mathrm{mod}\,299)$$
$$\lceil1100\underline{1}01\rfloor \Rightarrow \quad 211^2 = 44521 \equiv 269 \ (\mathrm{mod}\,299)$$
$$\lceil11001\underline{0}1\rfloor \Rightarrow 269^2\cdot3 = 217083 \equiv \quad 9 \ (\mathrm{mod}\,299)$$

　以上で，$3^{101} \equiv 9 \ (\mathrm{mod}\,299)$ と求まりました．　$\boxed{m'=9}$
です．前問の $m=9$ に戻りましたね．

　この計算から分かるように，鍵を使って「何乗かする」<u>べき
乗（累乗）（c^d）の計算では，鍵の d を 2 進法で表したとき，
「1」が少ない方</u>が計算しやすいですね．

> **【問】**　フェルマー素数（3，5，17，257，65537）を2進法で表しましょう．

たとえば $17 = 2^4 + 1$ では，「2^4 の位」は1ですが，「2^3 の位」「2^2 の位」「2^1 の位」「1の位」は（いったん）0を4個続けておいて，後で1をたす（「1の位」を1に変更する）ことにします．

$3 = 2^1 + 1 = 1 \cdot 2 + 1$　⇒　「$\boxed{11}$」

$5 = 2^2 + 1 = 1 \cdot 4 + 0 \cdot 2 + 1$　⇒　「$\boxed{101}$」

$17 = 2^4 + 1$　⇒　「10000」＋「1」＝「$\boxed{10001}$」

$257 = 2^8 + 1$　⇒　「100000000」＋「1」＝「$\boxed{100000001}$」

$65537 = 2^{16} + 1$

⇒　「10000000000000000」＋「1」＝「$\boxed{10000000000000001}$」

◆ RSA 暗号

暗号化するときの**鍵（公開鍵）**を公開して，復号化するときの**鍵（秘密鍵）**を秘密にするには，鍵が違うというだけでは話になりません．公開鍵から秘密鍵がバレないことが重要です．

そんな**公開鍵暗号**を，（理念だけでなく）最初に実現したものが **RSA 暗号**です．リヴェスト（**R**ivest），シャミア（**S**hamir），エーデルマン（**A**dleman）によるもので，アルファベット順でないのは，助言や検証を担当していたエーデルマンが遠慮したからのようです．（人名の読み方は参考文献 [5] 参照．Adleman の読み方をアドルマンとしている書籍もあり

ます.）

　これから RSA 暗号がどのようなものか，順に見ていくこと
にしましょう.

素数を 2 つ（p と q）探し出す

　まず大きな素数を 2 つ（p と q）探し出します. ここでの素
数は，数学的にキッチリ裏付けされた素数ではなく，確率的
に（ほぼ）素数とみなされる数です.（p74 参照）

　p と q は大きすぎると処理速度が落ち，小さすぎると暗号
が破られる危険があります. 現在は（p173 で見てきた）**2048
ビット**という途方もない桁数の数が用いられています. 2048
は，あのキロで用いられる $1024\,(2^{10})$ の 2 倍で，2^{11} です.

　もちろん，この p と q は秘密にします.

n を求める（$p \times q = n$）

　$p \times q = n$ を求めます. 暗号化や復号化するときは,「n で割
った余りの世界」つまり「$\bmod n$ の世界」で計算します.

　この n は公開します. この公開された n から, 逆に
$n = p \times q$ と素因数分解されることは（時間的に）不可能だろ
う，というのが RSA 暗号の前提となっています.

$p-1$ と $q-1$ の最小公倍数 ℓ を求める

　p と q は大きな素数で，暗号作成者はその数を知っていま
す. でも，たった 1 だけ小さい $p-1$ や $q-1$ の素因数分解は，
（偶数で素因数 2 をもつという他は）暗号作成者にも分かりま

せん.

　でも素因数分解が（時間的に）不可能でも，$p-1$ と $q-1$ の最大公約数や最小公倍数なら求まります.

　このとき威力を発揮するのが，**ユークリッドの互除法**です. まずは（ユークリッドの互除法で），$p-1$ と $q-1$ の**最大公約数** $(p-1, q-1)$ を求めます. 最大公約数が求まったら，次の式で**最小公倍数** ℓ を計算するだけです.

$$\ell = \frac{(p-1) \times (q-1)}{(p-1, q-1)}$$

　最小公倍数 ℓ のかわりに，公倍数ではあるが最小公倍数ではない $(p-1) \times (q-1)$ を用いると書かれている書籍もあります.

　この ℓ は，公開鍵や秘密鍵を求めるために，あらかじめ計算しておくだけのものです. p と q を知っている暗号作成者のみが，この ℓ を知ることが（おそらく）可能なのです.

公開鍵 e を決める

　いよいよ**公開鍵 e を決めます**. 暗号化や復号化は「$\bmod n$ の世界」で行いますが，公開鍵と秘密鍵は「$\bmod \ell$ の世界」で探します. 「$\bmod n$ の世界」は表の世界ですが，「$\bmod \ell$ の世界」は（暗号作成者だけの）裏の（秘密の）世界なのです.

　公開鍵 e は，「$\bmod \ell$ の世界」つまり ℓ で割った余り「$0, 1, \cdots, \ell-1$」の中から，ふさわしい数を探します. たくさんあるので，なかなか見つからないという心配はありません. どれか1つでよいのです. また（どうせ）公開する数なので，小さい数や「何乗か」しやすい数でかまいません.

その公開鍵 e としてふさわしい数ですが，秘密鍵で復号化できる，つまり元に戻せなくてはなりません．このため，どれでもよいというわけにはいかないのです．

p61 で見たように，公開鍵 e にふさわしい数は，「$\bmod \ell$ の世界」で**逆数**（逆元）が存在する数です．それは e が ℓ と互いに素，つまり e と ℓ との**最大公約数** $(e, \ell) = 1$ という数です．

《 公開鍵として素数を選ぶ場合 》

（素数表などを見て）ℓ より小さい素数を 1 つ決めます．

この場合は，ℓ をその素数で割ってみます．割り切れてしまったら（ℓ と互いに素でないので）捨て去って別の数を当たります．

心配いりません．ℓ より小さい素数はたくさんあります．

《 公開鍵として素数とは限らない数を選ぶ場合 》

ℓ より小さい数を 1 つ決めます．

この場合はユークリッドの互除法で，その選んだ数と ℓ との最大公約数を求めます．それが 1 でなかったら，捨て去って別の数を当たります．

心配いりません．ℓ の素因数は限られていて，何回か繰り返せば必ず見つかります．

いずれにせよ，ℓ と互いに素な公開鍵 e を 1 つ決めます．公開鍵 e は公開します．

秘密鍵 d を求める

先ほど ℓ と互いに素な公開鍵 e を 1 つ決めました．次に，この**公開鍵 e に対する秘密鍵 d** を求めます．

ここで，またしてもユークリッドの互除法です．

e と ℓ との最大公約数 $(e, \ell) = 1$ なので，ユークリッドの互除法で（何回か割り算をすると）余りに 1 が出てきます．このときの割り算の商を用いて，p66 の漸化式から秘密鍵 d を求めます．

$(e, \ell) = 1$ の場合，p66 の結果は次の通りです．

ただし下記の n は余り 1 が出てくるまでの割り算の回数です．$n = p \times q$ の n とは関係ありません．

「$\ell \div e = q_1$ 余り r_1」から「$r_{n-2} \div r_{n-1} = q_n$ 余り 1」へと続くユークリッドの互除法で q_i を求め，さらに x_i, y_i を次の漸化式で求めていきます．

$$(x_0 = 0,\ x_1 = 1\ ;\ y_0 = 1,\ y_1 = -q_1)$$

$$x_i = x_{i-2} - x_{i-1} q_i$$

$$y_i = y_{i-2} - y_{i-1} q_i$$

このとき，

$$1 = \ell x_n + e y_n$$

せっかくですが，じつは x_n の方は必要ありません．漸化式では y_i の方だけを計算していき，y_n を求めます．

このときの **y_n を秘密鍵 d** とします．

すると $1 = \ell x_n + e y_n$ は $1 = \ell x_n + ed$ となり，「$\mathrm{mod}\,\ell$ の世界」

で $1 = \ell x_n + ed \equiv ed \pmod{\ell}$ となります．つまり次が成り立ち，d は e の逆数（逆元）です．

$$ed \equiv 1 \pmod{\ell}$$

<u>秘密鍵 d は秘密</u>にします．

以上で準備完了です．

後は公開した n と公開鍵 e を用いて，「$\bmod n$ の世界」で暗号化してもらい，暗号文が送られてくるのを待つだけです．

元データ m を暗号化する

元データを m とします．

（ブロックに分けて暗号化するので，$m < n$ とします．）

《暗号化》 $c \equiv m^e \pmod{n}$ ← 求まった c が**暗号文**
$(0 \leq c < n)$

暗号文 c は，m^e を n で割った余りです．このとき，m を e 乗してから n で割る必要はありません．p181 のように，途中で n で割った余りに置きかえて，べき乗（累乗）の計算を行います．

暗号文 c を復号化する

復号化は，**秘密鍵 d** を用いて行います．

（暗号文（暗号ブロック）c は n で割った余りなので，$c < n$ です．）

《復号化》　$m' \equiv c^d \pmod{n}$ ←　求まった m' が**復号文**

$$(0 \leq m' < n)$$

ここでも**復号文** m' は，c^d を n で割った余りです．こちらは，p 185 のようにしてべき乗（累乗）の計算を行います．

問題は，暗号化して復号化すると元に戻るかどうかですよね．

【問】　次を示しましょう．

$$(m^e)^d \equiv m \pmod{n}$$

$m < n$ としたので，「$(m^e)^d$ を n で割った余りが m」となるかどうかを問題にしています．

まず $ed \equiv 1 \pmod{\ell}$ でした．ここで ℓ は $p-1$ と $q-1$ の最小公倍数です．具体的には，ユークリッドの互除法で $p-1$ と $q-1$ の最大公約数 $(p-1, q-1)$ を求めたとき，次の式から出てきた数です．

$$\ell = \frac{(p-1) \times (q-1)}{(p-1, q-1)}$$

ここで $\dfrac{(q-1)}{(p-1,q-1)}=s,\ \dfrac{(p-1)}{(p-1,q-1)}=t$ とすると, s と t は整数で次の通りです.

$$\ell = s(p-1), \quad \ell = t(q-1)$$

まずは 元データ m が, p や q と互いに素だと仮定して, 話を進めましょう. (途中で, この仮定がはずれます.)

この場合は m^s や m^t も, p や q と互いに素です. ここで p74 の「フェルマーの小定理」の出番です. そこでの a を, $a=m^s$ や m^t として用います.

$$m^\ell = (m^s)^{p-1} \equiv 1 \pmod{p}$$
$$m^\ell = (m^t)^{q-1} \equiv 1 \pmod{q}$$

さて $ed \equiv 1 \pmod{\ell}$ なので, $ed = 1+u\ell$ (u は正の整数) と置きます.

$$(m^e)^d = m^{ed} = m^{1+u\ell} = m^1 \times m^{u\ell} = m \times (m^\ell)^u$$
$$\equiv m \times (1)^u = m \quad \pmod{p}\pmod{q}$$

$(m^e)^d \equiv m$ となり, これで m が p や q と互いに素な場合には, 次が成り立つことが分かりました.

$$(m^e)^d - m \equiv 0 \pmod{p}$$
$$(m^e)^d - m \equiv 0 \pmod{q}$$

ところが m が p と互いに素でない場合も, q と互いに素でない場合も, (m が p や q で割り切れる $m \equiv 0$ の場合ということで) それぞれに

$$(m^e)^d - m \equiv 0-0 = 0 \pmod{p}$$
$$(m^e)^d - m \equiv 0-0 = 0 \pmod{q}$$

となり, 上の式は成り立ちます. (ここで仮定がはずれました.)

さて（いずれにしても成り立つ上の式は），$(m^e)^d - m$ が p でも q でも割り切れるということです．ところが p と q とは互いに素なので，$n = pq$ でも割り切れることになります．$(m^e)^d - m \equiv 0 \pmod{n}$ つまり $(m^e)^d \equiv m \pmod{n}$ となるのです．

無事に $(m^e)^d \equiv m \pmod{n}$ となりましたね．

ちなみに $m < n$ なので，$(m^e)^d$ を n で割った余りは，ピッタリ元の m に戻ります．

それにしても **RSA 暗号**は，（数学を少しでも学んだ者なら誰でも知っている）**ユークリッドの互除法**と**フェルマーの小定理**を，実にうまく利用していましたね．

もしかしたら，そんなことと見過ごしている数学の中に，気づかれないままの宝の山が，今なお眠っているかも知れませんよ．

● コラム ●
フェルマーの因数分解法

　2つの素数 p, q があったとき，かけ算して $p \times q = n$ を求めるのは簡単です．でも n が大きな数になると，逆に $n = p \times q$ と素因数分解するのは難しいという話でした．

　でも p や q によっては，簡単に素因数分解できてしまう場合があります．たとえば$\underline{p \text{ と } q \text{ の差が小さい場合}}$です．

　$91 = 13 \times 7$ は，すぐに見破られるかもしれません．

　$91 = 100 - 9$ に気づかれた瞬間，一巻の終わりだからです．

$$91 = 100 - 9$$
$$= 10^2 - 3^2$$
$$= (10 + 3) \times (10 - 3)$$
$$= 13 \times 7$$

　話は変わりますが，(初等) 幾何のだいご味は「補助線1本に気づくとスパッと解ける快感だ」と耳にしたことがあります．それを聞いたとき，こう思ってしまいました．気づけなかったら，どうすればよいのか……と．

　今の場合，$91 = 100 - 9$ に気づけなかったら，どうすればよいのでしょうか．

　このとき $91 + 9 = 100$ つまり $91 + 3^2 = 10^2$ がヒントになります．(必要なのはインスピレーションではなく電卓です．)

　それでは，改めて $91 + k^2$ $(k = 1, 2, 3, \cdots)$ を見ていきましょ

う.

$$k = 1 \text{ のとき,} \quad 91 + 1^2 = 92 \longrightarrow \sqrt{92} = 9.59\cdots$$

$$k = 2 \text{ のとき,} \quad 91 + 2^2 = 95 \longrightarrow \sqrt{95} = 9.74\cdots$$

$$k = 3 \text{ のとき,} \quad 91 + 3^2 = 100 \longrightarrow \sqrt{100} = 10$$

$91 + 3^2 = 10^2$ が出てきました. これなら $91 = 10^2 - 3^2$ に, 誰でも気づけるというものです.

ちなみに $91 = 13 \times 7$ において, $\dfrac{13+7}{2} = 10$, $\dfrac{13-7}{2} = 3$ です. $91 + 3^2 = 10^2$ の 10 と 3 です.

【問】　$988027 = p \times q$ （p, q は素数）です.
p, q を求めましょう.

こっそりと, p と q の差が小さいものを選んでいます. RSA 暗号では, $n = p \times q$ （p, q は奇素数）です.

それでは, $988027 + k^2$ （$k = 1, 2, 3, \cdots$）を見ていきましょう.

$k = 1$ のとき,

$$988027 + 1^2 = 988028 \longrightarrow \sqrt{988028} = 993.995\cdots$$

$k = 2$ のとき,

$$988027 + 2^2 = 988031 \longrightarrow \sqrt{988031} = 993.997\cdots$$

$k = 3$ のとき,

$$988027 + 3^2 = 988036 \longrightarrow \sqrt{988036} = 994$$

$988027 + 3^2 = 994^2$ より $988027 = 994^2 - 3^2$ です.

$$988027 = 994^2 - 3^2$$
$$= (994+3) \times (994-3)$$
$$= 997 \times 991$$

p, q は $\boxed{997, 991}$ と判明しました．（997 と 991 は素数です．）

ここで $988027 = 997 \times 991$ において， $\dfrac{997+991}{2} = 994$,

$\dfrac{997-991}{2} = 3$ です． $988027 + 3^2 = 994^2$ の 994 と 3 です．

これまでのことを振り返ると，次の通りです．

$n + k^2 = h^2$ のとき， $n = h^2 - k^2 = (h+k)(h-k)$ で，

$$\frac{(h+k)+(h-k)}{2} = h, \quad \frac{(h+k)-(h-k)}{2} = k$$

となっていました．

まず $n + k^2 = h^2$ になるとしたら， $n = h^2 - k^2 = (h+k)(h-k)$ です．一方，RSA 暗号では $n = p \times q$（p, q は奇素数）です．

$p > q$ とすると

$$p = h+k, \quad q = h-k$$

です．これから，

$$p+q = 2h, \quad p-q = 2k$$

$$\frac{p+q}{2} = h, \quad \frac{p-q}{2} = k$$

となります．結局， $pq + k^2 = h^2$ になるとしたら， $h = \dfrac{p+q}{2}$,

$k = \dfrac{p-q}{2}$ です．

$$pq + k^2 = h^2$$

$$pq + \left(\frac{p-q}{2}\right)^2 = \left(\frac{p+q}{2}\right)^2$$

$$pq = \left(\frac{p+q}{2}\right)^2 - \left(\frac{p-q}{2}\right)^2$$

　何のことはありません．単なる恒等式だったのです．この恒等式を発見したのは**フェルマー**です．もっとも，指摘されれば誰でも分かるような簡単な式ですが……．

　これまで $pq + \left(\frac{p-q}{2}\right)^2 = \left(\frac{p+q}{2}\right)^2$ $(n = pq)$ を利用して，$n + k^2$ に $k = 1, 2, \cdots$ を代入していきました．p と q の差が小さいと，早い時点で $k = \frac{p-q}{2}$ がやってきます．

　もちろん $\left(\frac{p+q}{2}\right)^2 - pq = \left(\frac{p-q}{2}\right)^2$ $(n = pq)$ を利用して，$h^2 - n$ を計算していくこともできます．p と q の差が小さいと $\left(\frac{p-q}{2}\right)^2$ が小さいことから $\left(\frac{p+q}{2}\right)^2 \fallingdotseq pq$ となり，$\frac{p+q}{2} \fallingdotseq \sqrt{pq}$ つまり $h \fallingdotseq \sqrt{n}$ です．$h^2 - n$ の計算では $h \fallingdotseq \sqrt{n}$ の近くから，つまりは $h = [\sqrt{n}] + 1, [\sqrt{n}] + 2, \cdots\cdots$ を代入していくことになります．ここで $[\sqrt{n}]$ は，$\sqrt{n}$ を超えない最大の整数です．

　それでは同じ問題で，もう一度やってみましょう．

【問】　次の p,q（p,q は素数）を求めましょう.

(1) $91 = p \times q$

(2) $988027 = p \times q$

(1) $n = 91$, $\sqrt{n} = 9.539\cdots$, $[\sqrt{n}]+1 = 10$

　　そこで $h = 10, 11, 12, \cdots$ として，$h^2 - n$ を計算します.

　　　$h = 10$ のとき，$10^2 - 91 = 9 \longrightarrow \sqrt{9} = 3$

　　何と 1 回で $10^2 - 91 = 3^2$ が出てきました．これから $91 = 10^2 - 3^2 = (10+3) \times (10-3) = 13 \times 7$ となります.

　　p, q は $\boxed{13, 7}$ と判明しました.

(2) $n = 988027$, $\sqrt{n} = 993.995\cdots$, $[\sqrt{n}]+1 = 994$

　　そこで $h = 994, 995, 996, \cdots$ として，$h^2 - n$ を計算します.

　　　$h = 994$ のとき，$994^2 - 998027 = 9 \longrightarrow \sqrt{9} = 3$

　　またも 1 回で $994^2 - 998027 = 3^2$ が出てきました．これから $988027 = 994^2 - 3^2 = (994+3) \times (994-3) = 997 \times 991$ となります.

　　p, q は $\boxed{997, 991}$ と判明しました.

　　それにしても，RSA 暗号など夢想もしなかった時代に，

$$pq = \left(\frac{p+q}{2}\right)^2 - \left(\frac{p-q}{2}\right)^2$$

という恒等式に着目したフェルマーには驚きですね.

参考文献

([番号] は本文出現順)

[1] 『オイラーから始まる素数の不思議な見つけ方』
小林 吹代(著)(技術評論社)

[2] 『暗号と情報セキュリティ』(コロナ社)
岡本 栄司・西出 隆志(共著)

[3] 『数論入門 I』(シュプリンガー・フェアラーク東京)
G.H. ハーディ・E.M. ライト(著)
示野 信一・矢神 毅(訳)

[4] 『初等整数論講義 第2版』(共立出版)
高木 貞治(著)

[5] 『Wikipedia』(注)ネット情報

[6] 『数の本』(丸善出版)
J.H. コンウェイ・R.K. ガイ(著)
根上 生也(訳)

[7] 『Do Math in 焼津:既約分数の比率は $\dfrac{6}{\pi^2}$ である』
(『数学セミナー 2006.07』p32 〜 p37(日本評論社))
浅井 哲也(著)

索　引

著者紹介：

小林 吹代（こばやし・ふきよ）

1954 年，福井県生まれ.
1979 年，名古屋大学大学院理学研究科博士課程（前期課程）修了.
2014 年，介護のため早期退職し，現在に至る.

著書に，『ピタゴラス数を生み出す行列のはなし』（ベレ出版）
『ガロア理論「超」入門〜方程式と図形の関係から考える〜』
『マルコフ方程式〜方程式から読み解く美しい数学〜』
『ガロアの数学「体」入門〜魔円陣とオイラー方陣を例に〜』
『正多面体は本当に5種類か〜やわらかい幾何はすべてここからはじまる〜』
『オイラーから始まる素数の不思議な見つけ方〜分割数や3角数・4角数
などから考える〜』
『ゼータへの最初の一歩　ベルヌーイ数〜「べき乗和」と素数で割った「余
り」の驚くべき関係〜』（技術評論社）などがある.

分数からはじめる素数と暗号理論　RSA暗号への誘い

2023 年 10 月 21 日	初　版第 1 刷発行	
2024 年　1 月 10 日	第 2 版第 1 刷発行	

著　者　　小林吹代
発行者　　富田　淳
発行所　　株式会社　現代数学社
　　　　　〒 606-8425 京都市左京区鹿ヶ谷西寺ノ前町 1
　　　　　TEL 075 (751) 0727　FAX 075 (744) 0906
　　　　　https://www.gensu.co.jp/
装　幀　　中西真一（株式会社 CANVAS）

印刷・製本　　山代印刷株式会社

ISBN 978-4-7687-0617-6　　　　　　　　　　　Printed in Japan